建筑与市政工程施工现场专业人员职业标准培训教材

质量员考核评价大纲及习题集
（市政方向）

本社组织编写

中国建筑工业出版社

图书在版编目（CIP）数据

质量员考核评价大纲及习题集（市政方向）/本社组织编写. —北京：中国建筑工业出版社，2015.6
建筑与市政工程施工现场专业人员职业标准培训教材
ISBN 978-7-112-18153-7

Ⅰ.①质… Ⅱ.①本… Ⅲ.①市政工程—工程施工—职业培训—教学参考资料 Ⅳ.①TU7

中国版本图书馆 CIP 数据核字（2015）第 111065 号

本书为质量员（市政方向）考核评价大纲及习题集。全书分为两部分，第一部分为质量员（市政方向）考核评价大纲，由住房和城乡建设部人事司组织编写；第二部分为质量员（市政方向）习题集，分为通用与基础知识、岗位知识与专业技能两篇，共收录了约1000道习题和两套模拟试卷，习题和试卷均配有正确答案和解析。可供参加质量员培训考试的同志和相关专业工程技术人员练习使用。

责任编辑：朱首明 李 明 李 阳
责任校对：李美娜 党 蕾

建筑与市政工程施工现场专业人员职业标准培训教材
质量员考核评价大纲及习题集
（市政方向）
本社组织编写

*

中国建筑工业出版社出版、发行（北京西郊百万庄）
各地新华书店、建筑书店经销
北京永峥有限责任公司制版
北京同文印刷有限责任公司印刷

*

开本：787×1092毫米 1/16 印张：14¾ 字数：363千字
2015年6月第一版 2015年6月第一次印刷
定价：39.00元
ISBN 978-7-112-18153-7
（27117）

版权所有 翻印必究
如有印装质量问题，可寄本社退换
（邮政编码 100037）

出版说明

建筑与市政工程施工现场专业人员队伍素质是影响工程质量和安全生产的关键因素。我国从20世纪80年代开始，在建设行业开展关键岗位培训考核和持证上岗工作。对于提高建设行业从业人员的素质起到了积极的作用。进入21世纪，在改革行政审批制度和转变政府职能的背景下，建设行业教育主管部门转变行业人才工作思路，积极规划和组织职业标准的研发。在住房和城乡建设部人事司的主持下，由中国建设教育协会、苏州二建建筑集团有限公司等单位主编了建设行业的第一部职业标准——《建筑与市政工程施工现场专业人员职业标准》，已由住房和城乡建设部发布，作为行业标准于2012年1月1日起实施。为推动该标准的贯彻落实，进一步编写了配套的14个考核评价大纲。

该职业标准及考核评价大纲有以下特点：(1) 系统分析各类建筑施工企业现场专业人员岗位设置情况，总结归纳了8个岗位专业人员核心工作职责，这些职业分类和岗位职责具有普遍性、通用性。(2) 突出职业能力本位原则，工作岗位职责与专业技能相互对应，通过技能训练能够提高专业人员的岗位履职能力。(3) 注重专业知识的完整性、系统性，基本覆盖各岗位专业人员的知识要求，通用知识具有各岗位的一致性，基础知识、岗位知识能够体现本岗位的知识结构要求。(4) 适应行业发展和行业管理的现实需要，岗位设置、专业技能和专业知识要求具有一定的前瞻性、引导性，能够满足专业人员提高综合素质和适应岗位变化的需要。

为落实职业标准，规范建设行业现场专业人员岗位培训工作，我们依据与职业标准相配套的考核评价大纲，在《建筑与市政工程施工现场专业人员职业标准培训教材》的基础上组织开发了各岗位的题库、题集。

本题集覆盖《建筑与市政工程施工现场专业人员职业标准》涉及的施工员、质量员、安全员、标准员、材料员、机械员、劳务员、资料员8个岗位。题集分为上下两篇，上篇为通用与基础知识部分习题，下篇为岗位知识与专业技能部分习题，每本题集约收录了1000道左右习题，所有习题均配有答案和解析，上下篇各附有模拟试卷一套。可供参加相关岗位培训考试的专业人员练习使用。

题库建设中，很多主编、专家为我们提供了样题和部分试题，在此表示感谢！作为行业现场专业人员第一个职业标准贯彻实施的配套教材，我们的编写工作难免存在不足，因此，我们恳请使用本套教材的培训机构、教师和广大学员多提宝贵意见，以便进一步地修订，使其不断完善。

目 录

质量员（市政方向）考核评价大纲 ································· 1
　通用知识 ··· 3
　基础知识 ··· 5
　岗位知识 ··· 6
　专业技能 ··· 8
质量员（市政方向）习题集 ··· 11

上篇　通用与基础知识

第一章　建设法规 ·· 13
第二章　市政工程材料 ·· 34
第三章　市政工程识图 ·· 49
第四章　市政施工技术 ·· 59
第五章　施工项目管理 ·· 79
第六章　力学基础知识 ·· 82
第七章　市政工程基本知识 ··· 89
第八章　市政工程预算的基本知识 ···································· 111
第九章　计算机和相关管理软件的应用知识 ····················· 117
第十章　市政工程施工测量的基本知识 ···························· 119
第十一章　抽样统计分析的基本知识 ································ 123
质量员（市政方向）通用与基础知识试卷 ························ 129
质量员（市政方向）通用与基础知识试卷答案与解析 ····· 138

下篇　岗位知识与专业技能

第一章　工程质量管理的基本知识 ···································· 146
第二章　施工质量计划的内容和编制方法 ························ 153
第三章　市政工程主要材料的质量评价 ···························· 159
第四章　工程质量控制的方法 ··· 175
第五章　施工质量控制要点 ··· 180
第六章　市政工程质量问题的分析、预防与处理办法 ····· 193

第七章 市政工程质量检查、验收、评定 …………………………………… 202
第八章 施工检（试）验的内容、方式和判断标准 …………………………… 206
第九章 市政工程质量资料的收集与整理 ……………………………………… 209
质量员（市政方向）岗位知识与专业技能试卷 ………………………………… 213
质量员（市政方向）岗位知识与专业技能试卷答案与解析 …………………… 222

质量员
（市政方向）考核评价大纲

通 用 知 识

一、熟悉国家工程建设相关法律法规

（一）《建筑法》
1. 从业资格的有关规定
2. 建筑安全生产管理的有关规定
3. 建筑工程质量管理的有关规定

（二）《安全生产法》
1. 生产经营单位安全生产保障的有关规定
2. 从业人员权利和义务的有关规定
3. 安全生产监督管理的有关规定
4. 安全事故应急救援与调查处理的规定

（三）《建设工程安全生产管理条例》、《建设工程质量管理条例》
1. 施工单位安全责任的有关规定
2. 施工单位质量责任和义务的有关规定

（四）《劳动法》、《劳动合同法》
1. 劳动合同和集体合同的有关规定
2. 劳动安全卫生的有关规定

二、熟悉工程材料的基本知识

（一）无机胶凝材料
1. 无机胶凝材料的分类及其特性
2. 通用水泥的品种、主要技术性质及应用
3. 道路硅酸盐水泥、市政工程常用特性水泥的特性及应用

（二）混凝土
1. 混凝土的分类及主要技术性质
2. 普通混凝土的组成材料及其主要技术要求
3. 高性能混凝土、预拌混凝土的特性及应用
4. 常用混凝土外加剂的品种及应用

（三）砂浆
1. 砌筑砂浆的分类及主要技术性质
2. 砌筑砂浆的组成材料及其主要技术要求

（四）石材、砖
1. 砌筑用石材的分类及应用
2. 砖的分类、主要技术要求及应用

（五）钢材
1. 钢材的分类及主要技术性能

2. 钢结构用钢材的品种及特性
3. 钢筋混凝土结构用钢材的品种及特性
（六）沥青材料及沥青混合料
1. 沥青材料的分类、技术性质及应用
2. 沥青混合料的分类、组成材料及其主要技术要求

三、掌握施工图识读、绘制的基本知识

（一）施工图的基本知识
1. 市政工程施工图的组成及作用
2. 市政工程施工图的图示特点
（二）施工图的图示方法及内容
1. 城镇道路工程施工图的图示方法及内容
2. 城市桥梁工程施工图的图示方法及内容
3. 市政管道工程施工图的图示方法及内容
（三）施工图的绘制与识读
1. 市政工程施工图绘制的步骤与方法
2. 市政工程施工图识读的步骤与方法

四、熟悉市政工程施工工艺和方法

（一）城镇道路工程
1. 常用湿软地基处理方法及应用范围
2. 路堤填筑施工工艺
3. 路堑开挖施工工艺
4. 基层施工工艺
5. 垫层施工工艺
6. 沥青类面层施工工艺
7. 水泥混凝土面层施工工艺
（二）城市桥梁工程
1. 常见模板的种类、特性及安拆施工要点
2. 钢筋工程施工工艺
3. 混凝土工程施工工艺
4. 基础施工工艺
5. 墩台施工工艺
6. 简支梁桥施工工艺
7. 连续梁桥施工工艺
8. 桥面系施工工艺
（三）市政管道工程
1. 人工和机械挖槽施工工艺
2. 沟槽支撑施工工艺

3. 管道铺设施工工艺
4. 管道接口施工工艺

五、熟悉工程项目管理的基本知识

（一）施工项目管理的内容及组织
1. 施工项目管理的内容
2. 施工项目管理的组织
（二）施工项目目标控制
1. 施工项目目标控制的任务
2. 施工项目目标控制的措施
（三）施工资源与现场管理
1. 施工资源管理的任务和内容
2. 施工现场管理的任务和内容

基 础 知 识

一、熟悉市政工程相关的力学知识

（一）平面力系
1. 力的基本性质
2. 力偶、力矩的性质
3. 平面力系的平衡方程及应用
（二）静定结构的杆件内力
1. 单跨静定梁的内力计算
2. 多跨静定梁的内力分析
3. 静定平面桁架的内力分析
（三）杆件强度、刚度和稳定性的概念
1. 杆件变形的基本形式
2. 应力、应变的基本概念
3. 杆件强度的概念
4. 杆件刚度和压杆稳定性的概念

二、熟悉城镇道路、城市桥梁和市政管道结构、构造的基本知识

（一）城镇道路基本知识
1. 城镇道路的组成与特点
2. 城镇道路的分类与路网的基本知识
3. 城镇道路线形组合基本知识
4. 道路路基、基层、面层工程结构
5. 道路附属工程的基本知识
（二）城市桥梁基本知识

1. 城市桥梁的基本概念和组成
2. 城市桥梁的分类与构造
3. 城市桥梁结构的基本知识

（三）市政管道基本知识
1. 市政管道系统的基本知识
2. 市政管渠的材料接口及管道基础
3. 市政管渠的附属构筑物

三、熟悉市政工程施工测量的基本知识

（一）控制测量
1. 水准仪、经纬仪、全站仪、测距仪的使用
2. 水准、距离、角度测量的原理和要点
3. 导线测量和高程控制测量概念及应用

（二）市政工程施工测量
1. 测设的基本工作
2. 已知坡度直线的测设
3. 线路测量

四、掌握抽样统计分析的基本知识

（一）数理统计的基本概念、抽样调查的方法
1. 总体、样本、统计量、抽样的概念
2. 抽样的方法

（二）施工质量数据抽样和统计分析方法
1. 施工质量数据抽样的基本方法
2. 数据统计分析的基本方法

岗 位 知 识

一、熟悉与市政工程施工相关的管理规定和标准

（一）建设工程质量管理规定
1. 实施工程建设强制性标准监督内容、方式、违规处罚的规定
2. 房屋建筑工程和市政基础设施工程竣工验收备案管理的规定
3. 建设工程专项质量检测、见证取样检测业务内容的规定

（二）建筑与市政工程施工质量验收标准和规范
1. 《建筑工程施工质量验收统一标准》中关于建筑工程质量验收的划分、合格判定以及质量验收的程序和组织的要求
2. 城镇道路工程施工与质量验收的要求
3. 城市桥梁工程施工与质量验收的要求

4. 市政管道工程施工与质量验收的要求

二、掌握工程质量管理的基本知识

（一）工程质量管理
1. 工程质量管理的概念
2. 工程质量管理的特点
3. 施工质量的影响因素

（二）质量控制体系
1. 质量控制体系的组织框架
2. 质量控制体系中的人员职责
3. 有关分项工程的施工质量控制流程

（三）ISO 9000 质量管理体系简介
1. ISO 9000 质量管理体系的要求
2. 市政工程质量管理中实施 ISO 9000 标准的意义

三、掌握施工质量计划的内容和编制方法

1. 质量策划的概念
2. 施工质量计划的内容
3. 施工质量计划的编制依据
4. 施工质量计划的编制方法

四、熟悉工程质量控制的方法

1. 影响工程质量的主要因素
2. 施工准备阶段的质量控制和方法
3. 施工阶段的质量控制和方法
4. 交工验收阶段的质量控制和方法
5. 设置施工质量控制点的原则和方法

五、了解施工试验的内容、方法和判断标准

1. 道路路基工程的试验内容、方法与判断标准
2. 道路基层工程的试验内容、方法与判断标准
3. 道路面层工程的试验内容、方法与判断标准
4. 地基、桩基等基础工程的试验内容、方法与判断标准
5. 构筑物主体结构工程的试验内容、方法与判断标准
6. 构筑物附属工程的试验内容、方法与判断标准
7. 市政管道工程的试验内容、方法与判断标准

六、掌握工程质量问题的分析、预防及处理方法

1. 施工质量问题的分类与识别

2. 道路工程、桥梁工程市政管道工程中常见的质量问题
3. 形成质量问题的原因分析
4. 质量问题的处理方法

专 业 技 能

一、参与编制市政工程施工项目质量计划

1. 划分分项工程检验批
2. 编制分项工程质量控制计划

二、评价市政工程主要材料的质量

1. 检查评价无机混合料的外观质量、质量证明文件、测试报告
2. 检查评价沥青混合料的外观质量、质量证明文件、测试报告
3. 检查评价建筑钢材外观质量、质量证明文件、复验报告
4. 检查评价混凝土原材料的质量、预拌混凝土的质量
5. 检查评价砌体材料的外观质量
6. 检查评价预制构件的外观质量、质量证明文件、测试报告
7. 检查评价防水材料的外观质量、质量证明文件、复验报告

三、判断市政工程施工试验结果

1. 根据试验结果判定桩基工程的质量
2. 判定地基与基础试验检测报告
3. 根据实验结果评定混凝土验收批质量
4. 根据实验结果评定砂浆质量
5. 根据实验结果判定钢材及其连接质量
6. 根据实验结果判定结构物防水工程质量

四、识读市政工程施工图

1. 识读城镇道路工程施工图
2. 识读城市桥梁工程施工图
3. 识读市政管道工程施工图

五、确定施工质量控制点

1. 确定模板、钢筋、混凝土、预应力混凝土工程施工质量控制点
2. 确定道路路基、基层、面层、挡墙与附属结构工程施工质量控制点
3. 确定桥梁下部、上部、桥面系与附属工程施工质量控制点
4. 确定市政管道工程施工质量控制点

六、参与编写质量控制措施等质量控制文件，实施质量交底

1. 参与编制城镇道路、城市桥梁、市政管道工程质量通病控制文件
2. 为城镇道路、城市桥梁、市政管道工程质量交底提供资料

七、进行市政工程质量检查、验收、评定

1. 使用常规市政工程质量检查仪器、设备
2. 实施对检验批和分项工程的检查验收评定，正确填写检验批和分项工程质量验收记录表
3. 协助验收评定分部工程和单位工程的质量
4. 隐蔽工程的验收

八、识别质量缺陷，参与分析和处理

1. 识别道路工程中路基沉降变形、基层沉降变形、道路面层裂缝、检查井四周下沉等质量缺陷，并分析处理
2. 识别桥梁工程中桩身夹渣、现浇混凝土结构裂缝、伸缩缝不平、桥头搭板跳车等质量缺陷，并分析处理
3. 识别管道工程中基础下沉、接口漏水、回填土不密实等质量缺陷，并分析处理

九、参与调查、分析质量事故，提出处理意见

1. 提供质量事故调查处理的基础资料
2. 分析质量事故的原因

十、编制、收集、整理质量资料

1. 编制、收集、整理隐蔽工程的质量检查验收记录
2. 编制、汇总分项工程检验批的检查验收记录
3. 收集原材料的质量证明文件、复验报告
4. 收集结构物实体功能性检测报告
5. 收集分部工程、单位工程的验收记录

质量员
（市政方向）习题集

上篇 通用与基础知识

第一章 建设法规

一、判断题

1. 由一个国家现行的各个部门法构成的有机联系的统一整体通常称为法律部门。

【答案】错误

【解析】法律法规体系，通常指由一个国家的全部现行法律规范分类组合成为不同的法律部门而形成的有机联系的统一整体。

2. 省、自治区、直辖市以及省会城市、自治区首府、地级市均有立法权。

【答案】错误

【解析】县、乡级没有立法权。省、自治区、直辖市以及省会城市、自治区首府有立法权。而地级市中只有国务院批准的规模较大的市有立法权，其他地级市没有立法权。

3. 房屋建筑工程施工总承包二级企业可以承担高度200m及以下的工业、民用建筑工程；高度120m及以下的构筑物工程；建筑面积4万m^2及以下的单体工业、民用建筑工程；单跨跨度39m及以下的建筑工程。

【答案】正确

【解析】房屋建筑工程施工总承包二级企业可以承担高度200m及以下的工业、民用建筑工程；高度120m及以下的构筑物工程；建筑面积4万m^2及以下的单体工业、民用建筑工程；单跨跨度39m及以下的建筑工程。

4. 城市快速路工程。

【答案】错误

【解析】市政公用工程施工总承包三级企业可以承包工程范围如下：1）城市道路工程（不含快速路）；单跨跨度25m及以下的城市桥梁工程。2）8万t/d及以下给水厂；6万t/d及以下污水处理工程；10万t/d及以下的给水泵站；10万t/d及以下的污水泵站、雨水泵站，直径1m及以下供水管道；直径1.5m及以下污水及中水管道。3）2kg/cm^2及以下中压、低压燃气管道、调压站；供热面积50万m^2及以下热力工程，直径0.2m及以下热力管道。4）单项合同额2500万元及以下的城市生活垃圾处理工程。5）单项合同额2000万元及以下地下交通工程（不包括轨道交通工程）。6）5000m^2及以下城市广场、地面停车场硬质铺装。7）单项合同额2500万元及以下的市政综合工程。

5. 在建设工程竣工验收后，在规定的保修期限内，因勘察、设计、施工、材料等原因造成的质量缺陷，应当由责任单位负责维修、返工或更换。

【答案】错误

【解析】建设工程质量保修制度，是指在建设工程竣工验收后，在规定的保修期限内，因勘察、设计、施工、材料等原因造成的质量缺陷，应当由施工承包单位负责维修、返工或更换，由责任单位负责赔偿损失的法律制度。

6. 取得施工总承包资质的企业，可以对所承接的施工总承包工程内的各专业工程全部自行施工，也可以将专业工程依法进行分包。

【答案】正确

【解析】取得施工总承包资质的企业，可以对所承接的施工总承包工程内的各专业工程全部自行施工，也可以将专业工程依法进行分包。

7. 危险物品的生产、经营、储存单位以及矿山、建筑施工单位的主要负责人和安全生产管理人员，应当缴费参加由有关部门对其安全生产知识和管理能力考核合格后方可任职。

【答案】错误

【解析】《安全生产法》第20条规定：危险物品的生产、经营、储存单位以及矿山、建筑施工单位的主要负责人和安全生产管理人员，应当由有关部门对其安全生产知识和管理能力考核合格后方可任职。考核不得收费。

8. 生产经营单位的特种作业人员必须按照国家有关规定经生产经营单位组织的安全作业培训，方可上岗作业。

【答案】错误

【解析】《安全生产法》第23条规定：生产经营单位的特种作业人员必须按照国家有关规定经专门的安全作业培训，取得特种作业操作资格证书，方可上岗作业。

9. 国务院负责安全生产监督管理的部门对全国建设工程安全生产工作实施综合监督管理。

【答案】错误

【解析】国务院负责安全生产监督管理的部门对全国安全生产工作实施综合监督管理。

10. 国务院建设行政主管部门对全国建设工程安全生产工作实施综合监督管理。

【答案】正确

【解析】国务院建设行政主管部门对全国建设工程安全生产工作实施综合监督管理。

11. 生产经营单位发生生产安全事故后，事故现场相关人员应当立即报告施工项目经理。

【答案】错误

【解析】《安全生产法》规定：生产经营单位发生生产安全事故后，事故现场相关人员应当立即报告本单位负责人。

12. 某实行施工总承包的建设工程的分包单位所承担的分包工程发生生产安全事故，分包单位负责人应当立即如实报告给当地建设行政主管部门。

【答案】错误

【解析】《建设工程安全生产管理条例》进一步规定：实行施工总承包的建设工程，由总承包单位负责上报事故。

13. 施工技术交底的目的是使现场施工人员对安全生产有所了解，最大限度避免安全事故的发生。

【答案】错误

【解析】施工前的安全施工技术交底的目的就是让所有的安全生产从业人员都对安全

生产有所了解，最大限度避免安全事故的发生。《建设工程安全生产管理条例》第27条规定，建设工程施工前，施工单位负责该项目管理的技术人员应当对有关安全施工的技术要求向施工作业班组、作业人员做出详细说明，并由双方签字确认。

14. 施工单位应当在施工现场入口处、施工起重机械、临时用电设施、脚手架等危险部位，设置明显的安全警示标志。

【答案】正确

【解析】《安全生产管理条例》第28条规定，施工单位应当在施工现场入口处、施工起重机械、临时用电设施、脚手架、出入通道口、楼梯口、电梯井口、孔洞口、桥梁口、隧道口、基坑边沿、爆炸物及有害危险气体和液体存放处等危险部位，设置明显的安全警示标志。

15.《劳动法》规定，试用期最长不超过3个月。

【答案】错误

【解析】《劳动法》规定，试用期最长不超过6个月。

二、单选题

1. 建设法规是指国家立法机关或其授权的行政机关制定的旨在调整国家及其有关机构、企事业单位、（　　）之间，在建设活动中或建设行政管理活动中发生的各种社会关系的法律、法规的统称。
   A. 社区　　　　　　　　　　B. 市民
   C. 社会团体、公民　　　　　D. 地方社团

【答案】C

【解析】建设法规是指国家立法机关或其授权的行政机关制定的旨在调整国家及其有关机构、企事业单位、社会团体、公民之间，在建设活动中或建设行政管理活动中发生的各种社会关系的法律、法规的统称。

2. 建设法规的调整对象，即发生在各种建设活动中的社会关系，包括建设活动中所发生的行政管理关系、（　　）及其相关的民事关系。
   A. 财产关系　　　　　　　　B. 经济协作关系
   C. 人身关系　　　　　　　　D. 政治法律关系

【答案】B

【解析】建设法规的调整对象，即发生在各种建设活动中的社会关系，包括建设活动中所发生的行政管理关系、经济协作关系及其相关的民事关系。

3. 关于上位法与下位法的法律地位与效力，下列说法中正确的是（　　）。
   A. 建设部门规章高于地方性建设法规
   B. 建设行政法规的法律效力最高
   C. 建设行政法规、部门规章不得与地方性法规、规章相抵触
   D. 地方建设规章与地方性建设法规就同一事项进行不同规定时，遵从地方建设规章

【答案】A

【解析】在建设法规的五个层次中，其法律效力由高到低依次为建设法律、建设行政法规、建设部门规章、地方性建设法规和地方建设规章。法律效力高的称为上位法，法律

效力低的称为下位法，下位法不得与上位法相抵触，否则其相应规定将被视为无效。

4. 建设法规体系的核心和基础是（　　）。
   A. 宪法
   B. 建设法律
   C. 建设行政法规
   D. 中华人民共和国建筑法

【答案】B

【解析】建设法律是建设法规体系的核心和基础。

5. 下列属于建设行政法规的是（　　）。
   A.《建设工程质量管理条例》
   B.《工程建设项目施工招标投标办法》
   C.《中华人民共和国立法》
   D.《实施工程建设强制性标准监督规定》

【答案】A

【解析】建设行政法规的名称常以"条例"、"办法"、"规定"、"规章"等名称出现，如《建设工程质量管理条例》、《建设工程安全生产管理条例》等。建设部门规章是指住房和城乡建设部根据国务院规定的职责范围，依法制定并颁布的各项规章或由住房和城乡建设部与国务院其他有关部门联合制定并发布的规章，如《实施工程建设强制性标准监督规定》、《工程建设项目施工招标投标办法》等。

6. 在建设法规的五个层次中，其法律效力从高到低依次为（　　）。
   A. 建设法律、建设行政法规、建设部门规章、地方性建设法规、地方建设规章
   B. 建设法律、建设行政法规、建设部门规章、地方建设规章、地方性建设法规
   C. 建设行政法规、建设部门规章、建设法律、地方性建设法规、地方建设规章
   D. 建设法律、建设行政法规、地方性建设法规、建设部门规章、地方建设规章

【答案】A

【解析】我国建设法规体系由建设法律、建设行政法规、建设部门规章、地方性建设法规和地方建设规章五个层次组成。

7. 按照《建筑业企业资质管理规定》，建筑业企业资质分为（　　）三个序列。
   A. 特级、一级、二级
   B. 一级、二级、三级
   C. 甲级、乙级、丙级
   D. 施工总承包、专业承包和施工劳务

【答案】D

【解析】建筑业企业资质分为施工总承包、专业承包和施工劳务三个序列。

8. 在我国，施工总承包资质划分为房屋建筑工程、公路工程等（　　）个资质类别。
   A. 10
   B. 12
   C. 13
   D. 60

【答案】B

【解析】施工总承包资质分为12个类别，专业承包资质分为36个类别，劳务分包资质不分类别。

9. 建筑工程施工总承包企业资质等级分为（　　）。
   A. 特级、一级、二级
   B. 一级、二级、三级
   C. 特级、一级、二级、三级
   D. 甲级、乙级、丙级

【答案】 C

【解析】 建筑工程施工总承包企业资质等级均分为特级、一级、二级、三级。

10. 以下各项中，除（ ）之外，均是建筑工程施工总承包三级企业可以承担的。

   A. 高度 70m 及以下的构筑物工程

   B. 建筑面积 1.2 万 m² 及以下的单体工业、民用建筑工程

   C. 单跨跨度 27m 及以下的建筑工程

   D. 建筑面积 1.8 万 m² 的单体工业建筑

【答案】 D

【解析】 建筑工程施工总承包三级企业可以承包工程范围如下：1）高度 50m 以内的建筑工程；2）高度 70m 及以下的构筑物工程；3）建筑面积 1.2 万 m² 及以下的单体工业、民用建筑工程；4）单跨跨度 27m 及以下的建筑工程。

11. 以下关于市政公用工程规定的施工总承包一级企业可以承包工程范围的说法中，正确的是（ ）。

   A. 单跨 25m 及以下的城市桥梁

   B. 断面 25m² 及以下隧道工程和地下交通工程

   C. 可承担各种类市政公用工程的施工

   D. 单项合同额 2500 万元及以下的城市生活垃圾处理工程

【答案】 C

【解析】 市政公用工程施工总承包一级企业可以承担各种类市政公用工程的施工。

12. 以下不属于钢结构工程规定的二级专业承包企业可以承包工程范围的是（ ）。

   A. 单体钢结构工程钢结构总重量 600t 及以上

   B. 钢结构单跨跨度 36m 及以下

   C. 网壳、网架结构短边边跨跨度 75m 及以下

   D. 高度 120m 及以上的钢结构工程

【答案】 D

【解析】 钢结构工程二级专业承包企业可以承包工程范围是：1）钢结构高度 100m 及以下；2）钢结构单跨跨度 36m 及以下；3）网壳、网架结构短边边跨跨度 75m 及以下；4）单体钢结构工程钢结构总重量 600t 及以下；5）单体建筑面积 35000m² 及以下。

13. 以下关于建筑劳务分包企业业务承揽范围的说法正确的是（ ）。

   A. 施工劳务企业可以承担各类劳务作业

   B. 抹灰作业分包企业资质分为一级、二级

   C. 木工作业分包企业资质分为一级、二级

   D. 抹灰作业分包企业可承担各类工程的抹灰作业分包业务，但单项业务合同额不超过企业注册资本金 5 倍

【答案】 A

【解析】 施工劳务企业可以承担各类劳务作业。

14. 两个以上不同资质等级的单位联合承包工程，其承揽工程的业务范围取决于联合体中（ ）的业务许可范围。

   A. 资质等级高的单位　　　　　　　　B. 资质等级低的单位

C. 实际达到的资质等级　　　　D. 核定的资质等级

【答案】B

【解析】依据《建筑法》第27条，联合体作为投标人投标时，应当按照资质等级较低的单位的业务许可范围承揽工程。

15. 甲、乙、丙三家公司组成联合体投标中标了一栋写字楼工程，施工过程中因甲的施工的工程质量问题而出现赔偿责任，则建设单位（　　）。

A. 可向甲、乙、丙任何一方要求赔偿　　B. 只能要求甲负责赔偿
C. 需与甲、乙、丙协商由谁赔偿　　D. 如向乙要求赔偿，乙有权拒绝

【答案】A

【解析】联合体的成员单位对承包合同的履行承担连带责任。《民法通则》第87条规定，负有连带义务的每个债务人，都有清偿全部债务的义务。因此，联合体的成员单位都附有清偿全部债务的义务。

16. 施工总承包单位承包建设工程后的下列行为中，除（　　）以外均是法律禁止的。

A. 将承包的工程全部转让给他人完成的
B. 施工总承包单位将有关专业工程发包给了有相应资质的专业承包企业完成的
C. 分包单位将其承包的建设工程肢解后以分包的名义全部转让给他人完成的
D. 劳务分包企业将承包的部分劳务作业任务再分包的

【答案】B

【解析】《建筑法》第29条规定：禁止总承包单位将工程分包给不具备相应资质条件的单位，禁止分包单位将其承包的工程再分包。依据《建筑法》的规定：《建设工程质量管理条例》进一步将违法分包界定为如下几种情形：1) 总承包单位将建设工程分包给不具备相应资质条件的单位的；2) 建设工程总承包合同中未有约定，又未经建设单位认可，承包单位将其承包的部分建设工程交由其他单位完成的；3) 施工总承包单位将建设工程主体结构的施工分包给其他单位的；4) 分包单位将其承包的建设工程再分包的。

17. 下列关于工程承包活动相关连带责任的表述中，错误的是（　　）。

A. 总承包单位与分包单位之间的连带责任属于法定连带责任
B. 总承包单位与分包单位中，一方向建设单位承担的责任超过其应承担份额的，有权向另一方追偿
C. 建设单位和分包单位之间没有合同关系，当分包工程发生质量、安全、进度等方面问题给建设单位造成损失时，不能直接要求分包单位承担损害赔偿责任
D. 总承包单位和分包单位之间责任的划分，应当根据双方的合同约定或者各自过错的大小确定

【答案】C

【解析】连带责任既可以依合同约定产生，也可以依法律规定产生。总承包单位和分包单位之间的责任划分，应当根据双方的合同约定或者各自过错的大小确定；一方向建设单位承担的责任超过其应承担份额的，有权向另一方追偿。需要说明的是，虽然建设单位和分包单位之间没有合同关系，但是当分包工程发生质量、安全、进度等方面问题给建设单位造成损失时，建设单位即可以根据总承包合同向总承包单位追究违约责任，也可以依

据法律规定直接要求分包单位承担损害赔偿责任，分包单位不得拒绝。

18. 建筑工程安全生产管理必须坚持安全第一、预防为主的方针。预防为主体现在建筑工程安全生产管理的全过程中，具体是指（　　）、事后总结。
   A. 事先策划、事中控制　　　　　B. 事前控制、事中防范
   C. 事前防范、监督策划　　　　　D. 事先策划、全过程自控

【答案】A

【解析】"预防为主"体现在事先策划、事中控制、事后总结，通过信息收集，归类分析，制定预案，控制防范。

19. 以下关于建设工程安全生产基本制度的说法中，正确的是（　　）。
   A. 群防群治制度是建筑生产中最基本的安全管理制度
   B. 建筑施工企业应当对直接施工人员进行安全教育培训
   C. 安全检查制度是安全生产的保障
   D. 施工中发生事故时，建筑施工企业应当及时清理事故现场并向建设单位报告

【答案】C

【解析】安全生产责任制度是建筑生产中最基本的安全管理制度，是所有安全规章制度的核心，是"安全第一、预防为主"方针的具体体现。群防群治制度也是"安全第一、预防为主"的具体体现，同时也是群众路线在安全工作中的具体体现，是企业进行民主管理的重要内容。《建筑法》第51条规定，施工中发生事故时，建筑施工企业应当采取紧急措施减少人员伤亡和事故损失，并按照国家有关规定及时向有关部门报告。安全检查制度是安全生产的保障。

20. 按照《建筑法》规定，鼓励企业为（　　）办理意外伤害保险，支付保险费。
   A. 从事危险作业的职工　　　　　B. 现场施工人员
   C. 全体职工　　　　　　　　　　D. 特种作业操作人员

【答案】A

【解析】按照《建筑法》规定，鼓励企业为从事危险作业的职工办理意外伤害保险，支付保险费。

21. 建设工程项目的竣工验收，应当由（　　）依法组织进行。
   A. 建设单位　　　　　　　　　　B. 建设单位或有关主管部门
   C. 国务院有关主管部门　　　　　D. 施工单位

【答案】B

【解析】建设工程项目的竣工验收，指在建筑工程已按照设计要求完成全部施工任务，准备交付给建设单位使用时，由建设单位或有关主管部门依照国家关于建筑工程竣工验收制度的规定，对该项工程是否符合设计要求和工程质量标准所进行的检查、考核工作。

22. 建筑工程的质量保修的具体保修范围和最低保修期限由（　　）规定。
   A. 建设单位　　　　　　　　　　B. 国务院
   C. 施工单位　　　　　　　　　　D. 建设行政主管部门

【答案】B

【解析】《建筑法》第62条规定，建筑工程实行质量保修制度。具体保修范围和最低保修期限由国务院规定。

23.《安全生产法》主要对生产经营单位的安全生产保障、(　　)、安全生产的监督管理、生产安全事故的应急救援与调查处理四个主要方面做出了规定。
   A. 生产经营单位的法律责任　　　B. 安全生产的执行
   C. 从业人员的权利和义务　　　　D. 施工现场的安全

【答案】C

【解析】《安全生产法》对生产经营单位的安全生产保障、从业人员的权利和义务、安全生产的监督管理、生产安全事故的应急救援与调查处理四个主要方面做出了规定。

24. 以下关于生产经营单位的主要负责人的职责的说法中,错误的是(　　)。
   A. 建立、健全本单位安全生产责任制
   B. 保证本单位安全生产投入的有效实施
   C. 根据本单位的生产经营特点,对安全生产状况进行经常性检查
   D. 组织制定并实施本单位的生产安全事故应急救援预案

【答案】C

【解析】《安全生产法》第17条规定:生产经营单位的主要负责人对本单位安全生产工作负有下列职责:1)建立、健全本单位安全生产责任制;2)组织制定本单位安全生产规章制度和操作规程;3)保证本单位安全生产投入的有效实施;4)督促、检查本单位的安全生产工作,及时消除生产安全事故隐患;5)组织制定并实施本单位的生产安全事故应急救援预案;6)及时、如实报告生产安全事故。

25. 下列关于生产经营单位安全生产保障的说法中,正确的是(　　)。
   A. 生产经营单位可以将生产经营项目、场所、设备发包给建设单位指定认可的不具有相应资质等级的单位或个人
   B. 生产经营单位的特种作业人员经过单位组织的安全作业培训方可上岗作业
   C. 生产经营单位必须依法参加工伤社会保险,为从业人员缴纳保险费
   D. 生产经营单位仅需要为工业人员提供劳动防护用品

【答案】C

【解析】《安全生产法》第41条规定:生产经营单位不得将生产经营项目、场所、设备发包或出租给不具备安全生产条件或者相应资质条件的单位或个人。《安全生产法》第23条规定:生产经营单位的特种作业人员必须按照国家有关规定经专门的安全作业培训,取得特种作业操作资格证书,方可上岗作业。《安全生产法》第37条规定:生产经营单位必须为工业人员提供符合国家标准或者行业标准的劳动防护用品,并监督、教育从业人员按照使用规则佩戴、使用。《安全生产法》第43条规定:生产经营单位必须依法参加工伤社会保险,为从业人员缴纳保险费。

26. 根据《安全生产法》规定,生产经营单位与从业人员订立协议,免除或减轻其对从业人员因生产安全事故伤亡依法应承担的责任,该协议(　　)。
   A. 无效　　　　　　　　　　　B. 有效
   C. 经备案后生效　　　　　　　D. 是否生效待定

【答案】A

【解析】《安全生产法》第44条规定:生产经营单位不得以任何形式与从业人员订立协议,免除或者减轻其对从业人员因生产安全事故伤亡依法应承担的责任。

27. 根据《安全生产法》规定,安全生产中从业人员的义务不包括( )。
A. 遵章守法 B. 接受安全生产教育和培训
C. 安全隐患及时报告 D. 紧急处理安全事故

【答案】D

【解析】生产经营单位的从业人员依法享有知情权,批评权和检举、控告权,拒绝权,紧急避险权,请求赔偿权,获得劳动防护用品的权利和获得安全生产教育和培训的权利。

28. 下列各项中,不属于安全生产监督检查人员义务的是( )。
A. 对检查中发现的安全生产违法行为,当场予以纠正或者要求限期改正
B. 执行监督检查任务时,必须出示有效的监督执法证件
C. 对涉及被检查单位的技术秘密和业务秘密,应当为其保密
D. 应当忠于职守,坚持原则,秉公执法

【答案】A

【解析】《安全生产法》第58条的规定了安全生产监督检查人员的义务:1)应当忠于职守,坚持原则,秉公执法;2)执行监督检查任务时,必须出示有效的监督执法证件;3)对涉及被检查单位的技术秘密和业务秘密,应当为其保密。

29. 根据《生产安全事故报告和调查处理条例》规定:造成10人及以上30人以下死亡,或者50人及以上100人以下重伤,或者5000万元及以上1亿元以下直接经济损失的事故属于( )。
A. 重伤事故 B. 较大事故
C. 重大事故 D. 死亡事故

【答案】C

【解析】国务院《生产安全事故报告和调查处理条例》规定:根据生产安全事故造成的人员伤亡或者直接经济损失,事故一般分为以下等级:1)特别重大事故,是指造成30人及以上死亡,或者100人及以上重伤(包括急性工业中毒,下同),或者1亿元及以上直接经济损失的事故;2)重大事故,是指造成10人及以上30人以下死亡,或者50人及以上100人以下重伤,或者5000万元及以上1亿元以下直接经济损失的事故;3)较大事故,是指造成3人及以上10人以下死亡,或者10人及以上50人以下重伤,或者1000万元及以上5000万元以下直接经济损失的事故;4)一般事故,是指造成3人以下死亡,或者10人以下重伤,或者1000万元以下直接经济损失的事故。

30. 某施工工地基坑塌陷,造成2人死亡10人重伤,根据《生产安全事故报告和调查处理条例》规定,该事故等级属于( )。
A. 特别重大事故 B. 重大事故
C. 较大事故 D. 一般事故

【答案】C

【解析】国务院《生产安全事故报告和调查处理条例》规定:根据生产安全事故造成的人员伤亡或者直接经济损失,事故一般分为以下等级:1)特别重大事故,是指造成30人及以上死亡,或者100人及以上重伤(包括急性工业中毒,下同),或者1亿元及以上直接经济损失的事故;2)重大事故,是指造成10人及以上30人以下死亡,或者50人及以上100人以下重伤,或者5000万元及以上1亿元以下直接经济损失的事故;3)较大事

故，是指造成 3 人及以上 10 人以下死亡，或者 10 人及以上 50 人以下重伤，或者 1000 万元及以上 5000 万元以下直接经济损失的事故；4）一般事故，是指造成 3 人以下死亡，或者 10 人以下重伤，或者 1000 万元以下直接经济损失的事故。

31. 某市地铁工程施工作业面内，因大量水和流沙涌入，引起部分结构损坏及周边地区地面沉降，造成 3 栋建筑物严重倾斜，直接经济损失约合 1.5 亿元。根据《生产安全事故报告和调查处理条例》规定，该事故等级属于（　　）。

　　A. 特别重大事故　　　　　　　　B. 重大事故
　　C. 较大事故　　　　　　　　　　D. 一般事故

【答案】A

【解析】国务院《生产安全事故报告和调查处理条例》规定：根据生产安全事故造成的人员伤亡或者直接经济损失，事故一般分为以下等级：1）特别重大事故，是指造成 30 人及以上死亡，或者 100 人及以上重伤（包括急性工业中毒，下同），或者 1 亿元及以上直接经济损失的事故；2）重大事故，是指造成 10 人及以上 30 人以下死亡，或者 50 人及以上 100 人以下重伤，或者 5000 万元及以上 1 亿元以下直接经济损失的事故；3）较大事故，是指造成 3 人及以上 10 人以下死亡，或者 10 人及以上 50 人以下重伤，或者 1000 万元及以上 5000 万元以下直接经济损失的事故；4）一般事故，是指造成 3 人以下死亡，或者 10 人以下重伤，或者 1000 万元以下直接经济损失的事故。

32. 《安全生产法》对安全事故等级的划分标准中重大事故是指（　　）。

　　A. 造成 30 人以上死亡　　　　　　B. 10 人以上及 30 人以下死亡
　　C. 3 人以上及 10 人以下死亡　　　D. 3 人以下死亡

【答案】B

【解析】国务院《生产安全事故报告和调查处理条例》规定：根据生产安全事故造成的人员伤亡或者直接经济损失，事故一般分为以下等级：1）特别重大事故，是指造成 30 人及以上死亡，或者 100 人及以上重伤（包括急性工业中毒，下同），或者 1 亿元及以上直接经济损失的事故；2）重大事故，是指造成 10 人及以上 30 人以下死亡，或者 50 人及以上 100 人以下重伤，或者 5000 万元及以上 1 亿元以下直接经济损失的事故；3）较大事故，是指造成 3 人及以上 10 人以下死亡，或者 10 人及以上 50 人以下重伤，或者 1000 万元及以上 5000 万元以下直接经济损失的事故；4）一般事故，是指造成 3 人以下死亡，或者 10 人以下重伤，或者 1000 万元以下直接经济损失的事故。

33. 以下关于安全事故调查的说法中，错误的是（　　）。

　　A. 重大事故由事故发生地省级人民政府负责调查
　　B. 较大事故的事故发生地与事故发生单位不在同一个县级以上行政区域的，由事故发生单位所在地的人民政府负责调查，事故发生地人民政府应当派人参加
　　C. 一般事故以下等级事故，可由县级人民政府直接组织事故调查，也可由上级人民政府组织事故调查
　　D. 特别重大事故由国务院或者国务院授权有关部门组织事故调查组进行调查

【答案】B

【解析】《生产安全事故报告和调查处理条例》规定了事故调查的管辖权限。特别重大事故由国务院或者国务院授权有关部门组织事故调查组进行调查。重大事故、较大事

故、一般事故分别由事故发生地省级人民政府、设区的市级人民政府、县级人民政府负责调查。省级人民政府、设区的市级人民政府、县级人民政府可以直接组织事故调查组进行调查，也可以授权或者委托有关部门组织事故调查组进行调查。未造成人员伤亡的一般事故，县级人民政府也可以委托事故发生单位组织事故调查组进行调查。上级人民政府认为必要时，可以调查由下级人民政府负责调查的事故。特别重大事故以下等级事故，事故发生地与事故发生单位不在同一个县级以上行政区域的，由事故发生地人民政府负责调查，事故发生单位所在地人民政府应当派人参加。

34. 《生产安全事故报告和调查处理条例》规定，重大事故由（　　）。
 A. 国务院或国务院授权有关部门组织事故调查组进行调查
 B. 事故发生地省级人民政府负责调查
 C. 事故发生地设区的市级人民政府
 D. 事故发生地县级人民政府

【答案】B

【解析】《生产安全事故报告和调查处理条例》规定了事故调查的管辖权限。特别重大事故由国务院或者国务院授权有关部门组织事故调查组进行调查。重大事故、较大事故、一般事故分别由事故发生地省级人民政府、设区的市级人民政府、县级人民政府负责调查。省级人民政府、设区的市级人民政府、县级人民政府可以直接组织事故调查组进行调查，也可以授权或者委托有关部门组织事故调查组进行调查。未造成人员伤亡的一般事故，县级人民政府也可以委托事故发生单位组织事故调查组进行调查。上级人民政府认为必要时，可以调查由下级人民政府负责调查的事故。特别重大事故以下等级事故，事故发生地与事故发生单位不在同一个县级以上行政区域的，由事故发生地人民政府负责调查，事故发生单位所在地人民政府应当派人参加。

35. 以下说法中，不属于施工单位主要负责人的安全生产方面的主要职责的是（　　）。
 A. 对所承建的建设工程进行定期和专项安全检查，并做好安全检查记录
 B. 制定安全生产规章制度和操作规程
 C. 落实安全生产责任制度和操作规程
 D. 建立健全安全生产责任制度和安全生产教育培训制度

【答案】C

【解析】《安全生产管理条例》第21条规定：施工单位主要负责人依法对本单位的安全生产工作负全责。具体包括：1）建立健全安全生产责任制度和安全生产教育培训制度；2）制定安全生产规章制度和操作规程；3）保证本单位安全生产条件所需资金的投入；4）对所承建的建设工程进行定期和专项安全检查，并做好安全检查记录。

36. （　　），对安全技术措施、专项施工方案和安全技术交底做出了明确的规定。
 A. 《建筑法》
 B. 《安全生产法》
 C. 《建设工程安全生产管理条例》
 D. 《安全生产事故报告和调查处理条例》

【答案】C

【解析】施工单位应采取的安全措施有编制安全技术措施、施工现场临时用电方案和

专项施工方案,安全施工技术交底,施工现场安全警示标志的设置,施工现场的安全防护,施工现场的布置应当符合安全和文明施工要求,对周边环境采取防护措施,施工现场的消防安全措施,安全防护设备管理,起重机械设备管理和办理意外伤害保险等十个方面,对安全技术措施、专项施工方案和安全技术交底包含在内。

37. 建设工程施工前,施工单位负责该项目管理的( )应当对有关安全施工的技术要求向施工作业班组、作业人员作出详细说明,并由双方签字确认。
   A. 项目经理　　　　　　　　B. 技术人员
   C. 质量员　　　　　　　　　D. 安全员

【答案】B

【解析】施工前的安全施工技术交底的目的就是让所有的安全生产从业人员都对安全生产有所了解,最大限度避免安全事故的发生。《建设工程安全生产管理条例》第27条规定,建设工程施工前,施工单位负责该项目管理的技术人员应当对有关安全施工的技术要求向施工作业班组、作业人员作出详细说明,并由双方签字确认。

38. 《特种设备安全监察条例》规定的施工起重机械,在验收前应当经有相应资质的检验检测机构监督检验合格。施工单位应当自施工起重机械和整体提升脚手架、模板等自升式架设设施验收合格之日起( )日内,向建设行政主管部门或者其他有关部门登记。
   A. 15　　　　　　　　　　　B. 30
   C. 7　　　　　　　　　　　　D. 60

【答案】B

【解析】《特种设备安全监察条例》规定的施工起重机械,在验收前应当经有相应资质的检验检测机构监督检验合格。施工单位应当自施工起重机械和整体提升脚手架、模板等自升式架设设施验收合格之日起30日内,向建设行政主管部门或者其他有关部门登记。登记标志应当置于或者附着于该设备的显著位置。

39. 施工技术人员必须在施工( )编制施工技术交底文件。
   A. 前　　　　　　　　　　　B. 后
   C. 同时　　　　　　　　　　D. 均可

【答案】A

【解析】施工前的安全施工技术交底的目的就是让所有的安全生产从业人员都对安全生产有所了解,最大限度避免安全事故的发生。《建设工程安全生产管理条例》第27条规定,建设工程施工前,施工单位负责该项目管理的技术人员应当对有关安全施工的技术要求向施工作业班组、作业人员做出详细说明,并由双方签字确认。

40. ( )负责现场警示标志的保护工作。
   A. 建设单位　　　　　　　　B. 施工单位
   C. 监理单位　　　　　　　　D. 项目经理

【答案】B

【解析】《安全生产管理条例》第28条规定,施工单位应当在施工现场入口处、施工起重机械、临时用电设施、脚手架、出入通道口、楼梯口、电梯井口、孔洞口、桥梁口、隧道口、基坑边沿、爆炸物及有害危险气体和液体存放处等危险部位,设置明显的安全警示标志。

41. 施工单位为施工现场从事危险作业的人员办理的意外伤害保险期限自建设工程开工之日起至（　　）为止。
    A. 工程完工　　　　　　　　　B. 交付使用
    C. 竣工验收合格　　　　　　　D. 该人员工作完成

【答案】C

【解析】《安全生产管理条例》第38条规定：施工单位应当为施工现场从事危险作业的人员办理意外伤害保险。意外伤害保险费由施工单位支付。实行施工总承包的，由总承包单位支付意外伤害保险费。意外伤害保险期限自建设工程开工之日起至竣工验收合格止。

42. 根据有关法律法规有关工程返修的规定，下列说法正确的是（　　）。
    A. 对施工过程中出现质量问题的建设工程，若非施工单位原因造成的，施工单位不负责返修
    B. 对施工过程中出现质量问题的建设工程，无论是否施工单位原因造成的，施工单位都应负责返修
    C. 对竣工验收不合格的建设工程，若非施工单位原因造成的，施工单位不负责返修
    D. 对竣工验收不合格的建设工程，若是施工单位原因造成的，施工单位负责有偿返修

【答案】B

【解析】《质量管理条例》第32条规定：施工单位对施工中出现质量问题的建设工程或者竣工验收不合格的建设工程，应当负责返修。在建设工程竣工验收合格前，施工单位应对质量问题履行返修义务；建设工程竣工验收合格后，施工单位应对保修期内出现的质量问题履行保修义务。《合同法》第281条对施工单位的返修义务也有相应规定：因施工人原因致使建设工程质量不符合约定的，发包人有权要求施工人在合理期限内无偿修理或者返工、改建。经过修理或者返工、改建后，造成逾期交付的，施工人应当承担违约责任。

43. 下列社会关系中，属于我国劳动法调整的劳动关系的是（　　）。
    A. 施工单位与某个体经营者之间的加工承揽关系
    B. 劳动者与用人单位之间在实现劳动过程中建立的社会经济关系
    C. 家庭雇佣劳动关系
    D. 社会保险机构与劳动者之间的关系

【答案】B

【解析】劳动合同是劳动者与用工单位之间确立劳动关系，明确双方权利和义务的协议。这里的劳动关系，是指劳动者与用人单位（包括各类企业、个体工商户、事业单位等）在实现劳动过程中建立的社会经济关系。

44. 2005年2月1日小李经过面试合格后并与某建筑公司签订了为期5年的用工合同，并约定了试用期，则试用期最迟至（　　）。
    A. 2005年2月28日　　　　　　B. 2005年5月31日
    C. 2005年8月1日　　　　　　 D. 2006年2月1日

【答案】C

【解析】《劳动合同法》第19条进一步明确：劳动合同期限3个月以上不满1年的，试用期不得超过1个月；劳动合同期限1年以上不满3年的，试用期不得超过2个月；3年以上固定期限和无固定期限的劳动合同，试用期不得超过6个月。

45. 甲建筑材料公司聘请王某担任推销员，双方签订劳动合同，约定劳动试用期6个月，6个月后再根据王某工作情况，确定劳动合同期限，下列选项中表述正确的是（　　）。
    A. 甲建筑材料公司与王某订立的劳动合同属于无固定期限合同
    B. 王某的工作不满一年，试用期不得超过一个月
    C. 劳动合同的试用期不得超过6个月，所以王某的试用期是成立的
    D. 试用期是不成立的，6个月应为劳动合同期限

【答案】D

【解析】《劳动合同法》第19条进一步明确：劳动合同期限3个月以上不满1年的，试用期不得超过1个月；劳动合同期限1年以上不满3年的，试用期不得超过2个月；3年以上固定期限和无固定期限的劳动合同，试用期不得超过6个月。试用期包含在劳动合同期限内。劳动合同仅约定试用期的，试用期不成立，该期限为劳动合同期限。

46. 根据《劳动合同法》，劳动者非因工负伤，医疗期满后，不能从事原工作也不能从事用人单位另行安排的工作的，用人单位可以解除劳动合同，但是应当提前（　　）日以书面形式通知劳动者本人。
    A. 10   B. 15
    C. 30   D. 50

【答案】C

【解析】《劳动合同法》第40条规定：有下列情形之一的，用人单位提前30日以书面形式通知劳动者本人或者额外支付劳动者1个月工资后，可以解除劳动合同：A. 劳动者患病或者非因工负伤，在规定的医疗期满后不能从事原工作，也不能从事由用人单位另行安排的工作的；B. 劳动者不能胜任工作，经过培训或者调整工作岗位，仍不能胜任工作的；C. 劳动合同订立时所依据的客观情况发生重大变化，致使劳动合同无法履行，经用人单位与劳动者协商，未能就变更劳动合同内容达成协议的。

47. 根据《劳动合同法》，下列选项中，用人单位可以解除劳动合同的情形是（　　）。
    A. 职工患病，在规定的医疗期内   B. 职工非因工负伤，伤愈出院
    C. 女职工在孕期间   D. 女职工在哺乳期内

【答案】B

【解析】《劳动合同法》第39条规定：劳动者有下列情形之一的，用人单位可以解除劳动合同：1）在试用期间被证明不符合录用条件的；2）严重违反用人单位的规章制度的；3）严重失职，营私舞弊，给用人单位造成重大损害的；4）劳动者同时与其他用人单位建立劳动关系，对完成本单位的工作任务造成严重影响，或者经用人单位提出，拒不改正的；5）因本法第二十六条第一款第一项规定的情形致使劳动合同无效的；6）被依法追究刑事责任的。《劳动合同法》第40条规定：有下列情形之一的，用人单位提前30日以书面形式通知劳动者本人或者额外支付劳动者1个月工资后，可以解除劳动合同：1）劳动者患病或者非因工负伤，在规定的医疗期满后不能从事原工作，也不能从事由用人单位另行安排的工作的；2）劳动者不能胜任工作，经过培训或者调整工作岗位，仍不能胜任

工作的；3）劳动合同订立时所依据的客观情况发生重大变化，致使劳动合同无法履行，经用人单位与劳动者协商，未能就变更劳动合同内容达成协议的。

48. 在试用期内被证明不符合录用条件的，用人单位（　　）。

A. 可以随时解除劳动合同

B. 必须解除劳动合同

C. 可以解除合同，但应当提前30日通知劳动者

D. 不得解除劳动合同

【答案】A

【解析】《劳动合同法》第39条规定：劳动者有下列情形之一的，用人单位可以解除劳动合同：1）在试用期间被证明不符合录用条件的；2）严重违反用人单位的规章制度的；3）严重失职，营私舞弊，给用人单位造成重大损害的；4）劳动者同时与其他用人单位建立劳动关系，对完成本单位的工作任务造成严重影响，或者经用人单位提出，拒不改正的；5）因本法第二十六条第一款第一项规定的情形致使劳动合同无效的；6）被依法追究刑事责任的。

49. 工人小韩与施工企业订立了1年期的劳动合同，在合同履行过程中小韩不能胜任本职工作，企业给其调整工作岗位后，仍不能胜任工作，其所在企业决定解除劳动合同，需提前（　　）日以书面形式通知小韩本人。

A. 10　　　　　　　　　　　　B. 15

C. 30　　　　　　　　　　　　D. 60

【答案】C

【解析】《劳动合同法》第40条规定：有下列情形之一的，用人单位提前30日以书面形式通知劳动者本人或者额外支付劳动者1个月工资后，可以解除劳动合同：1）劳动者患病或者非因工负伤，在规定的医疗期满后不能从事原工作，也不能从事由用人单位另行安排的工作的；2）劳动者不能胜任工作，经过培训或者调整工作岗位，仍不能胜任工作的；3）劳动合同订立时所依据的客观情况发生重大变化，致使劳动合同无法履行，经用人单位与劳动者协商，未能就变更劳动合同内容达成协议的。

50. 在下列情形中，用人单位可以解除劳动合同，但应当提前30天以书面形式通知劳动者本人的是（　　）。

A. 小王在试用期内迟到早退，不符合录用条件

B. 小李因盗窃被判刑

C. 小张在外出执行任务时负伤，失去左腿

D. 小吴下班时间酗酒摔伤住院，出院后不能从事原工作也拒不从事单位另行安排的工作

【答案】D

【解析】《劳动合同法》第40条规定：有下列情形之一的，用人单位提前30日以书面形式通知劳动者本人或者额外支付劳动者1个月工资后，可以解除劳动合同：1）劳动者患病或者非因工负伤，在规定的医疗期满后不能从事原工作，也不能从事由用人单位另行安排的工作的；2）劳动者不能胜任工作，经过培训或者调整工作岗位，仍不能胜任工作的；3）劳动合同订立时所依据的客观情况发生重大变化，致使劳动合同无法履行，经

用人单位与劳动者协商，未能就变更劳动合同内容达成协议的。

51. 按照《劳动合同法》的规定，在下列选项中，用人单位提前30天以书面形式通知劳动者本人或额外支付1个月工资后可以解除劳动合同的情形是（　　）。

　　A. 劳动者患病或非工负伤在规定的医疗期满后不能胜任原工作的

　　B. 劳动者试用期间被证明不符合录用条件的

　　C. 劳动者被依法追究刑事责任的

　　D. 劳动者不能胜任工作，经培训或调整岗位仍不能胜任工作的

【答案】D

【解析】《劳动合同法》第40条规定：有下列情形之一的，用人单位提前30日以书面形式通知劳动者本人或者额外支付劳动者1个月工资后，可以解除劳动合同：1）劳动者患病或者非因工负伤，在规定的医疗期满后不能从事原工作，也不能从事由用人单位另行安排的工作的；2）劳动者不能胜任工作，经过培训或者调整工作岗位，仍不能胜任工作的；3）劳动合同订立时所依据的客观情况发生重大变化，致使劳动合同无法履行，经用人单位与劳动者协商，未能就变更劳动合同内容达成协议的。

52. 劳动者在试用期内单方解除劳动合同，应提前（　　）日通知用人单位。

　　A. 10　　　　　　　　　　　　　B. 3

　　C. 15　　　　　　　　　　　　　D. 7

【答案】B

【解析】劳动者提前30日以书面形式通知用人单位，可以解除劳动合同。劳动者在试用期内提前3日通知用人单位，可以解除劳动合同。

53. 不属于随时解除劳动合同的情形的是（　　）。

　　A. 某单位司机李某因交通肇事罪被判处有期徒刑3年

　　B. 某单位发现王某在试用期间不符合录用条件

　　C. 石某在工作期间严重失职，给单位造成重大损失

　　D. 职工姚某无法胜任本岗位工作，经过培训仍然无法胜任工作的

【答案】D

【解析】《劳动合同法》第39条规定：劳动者有下列情形之一的，用人单位可以解除劳动合同：1）在试用期间被证明不符合录用条件的；2）严重违反用人单位的规章制度的；3）严重失职，营私舞弊，给用人单位造成重大损害的；4）劳动者同时与其他用人单位建立劳动关系，对完成本单位的工作任务造成严重影响，或者经用人单位提出，拒不改正的；5）因本法第二十六条第一款第一项规定的情形致使劳动合同无效的；6）被依法追究刑事责任的。

54. 王某应聘到某施工单位，双方于4月15日签订为期3年的劳动合同，其中约定试用期3个月，次日合同开始履行。7月18日，王某拟解除劳动合同，则（　　）。

　　A. 必须取得用人单位同意

　　B. 口头通知用人单位即可

　　C. 应提前30日以书面形式通知用人单位

　　D. 应报请劳动行政主管部门同意后以书面形式通知用人单位

【答案】C

【解析】劳动者提前30日以书面形式通知用人单位，可以解除劳动合同。劳动者在试用期内提前3日通知用人单位，可以解除劳动合同。

三、多选题

1. 建设法规的调整对象，即发生在各种建设活动中的社会关系，包括（　　）。
   A. 建设活动中的行政管理关系　　　B. 建设活动中的经济协作关系
   C. 建设活动中的财产人身关系　　　D. 建设活动中相关的民事关系
   E. 建设活动中的人身关系

【答案】ABD

【解析】建设法规的调整对象，即发生在各种建设活动中的社会关系，包括建设活动中所发生的行政管理关系、经济协作关系及其相关的民事关系。

2. 建设活动中的行政管理关系，是国家及其建设行政主管部门同（　　）及建设监理等中介服务单位之间的管理与被管理关系。
   A. 建设单位　　　　　　　　　　　B. 劳务分包单位
   C. 施工单位　　　　　　　　　　　D. 建筑材料和设备的生产供应单位
   E. 设计单位

【答案】ACDE

【解析】建设活动中的行政管理关系，是国家及其建设行政主管部门同建设单位、设计单位、施工单位、建筑材料和设备的生产供应单位及建设监理等中介服务单位之间的管理与被管理关系。

3. 以下关于地方的立法权相关问题，说法正确的是（　　）。
   A. 我国的地方人民政府分为省、地、市、县、乡五级
   B. 直辖市、自治区属于地方人民政府地级这一层次
   C. 省、自治区、直辖市以及省会城市、自治区首府有立法权
   D. 县、乡级没有立法权
   E. 地级市中国务院批准的规模较大的市有立法权

【答案】CDE

【解析】关于地方的立法权问题，地方是与中央相对应的一个概念，我国的地方人民政府分为省、地、县、乡四级。其中省级中包括直辖市，县级中包括县级市即不设区的市。县、乡级没有立法权。省、自治区、直辖市以及省会城市、自治区首府有立法权。而地级市中只有国务院批准的规模较大的市有立法权，其他地级市没有立法权。

4. 以下专业承包企业资质等级分为一、二、三级的是（　　）。
   A. 地基与基础工程　　　　　　　　B. 预拌混凝土
   C. 古建筑工程　　　　　　　　　　D. 电子与智能化工程
   E. 城市及道路照明工程

【答案】ACDE

【解析】地基基础工程、古建筑工程、电子与智能化工程、城市及道路照明工程等级分类为一、二、三级，预拌混凝土不分等级。

5. 以下关于市政公用工程施工总承包企业承包工程范围的说法，错误的是（　　）。

A. 一级企业可承担各类市政公用工程的施工
B. 三级企业可承担单项合同额 2500 万元及以下的城市生活垃圾处理工程
C. 二级企业可承担单项合同额 4000 万元及以下的市政综合工程
D. 三级企业可承担单项合同额 3000 万元及以下的市政综合工程
E. 二级企业可承担断面 30m² 及以下隧道工程和地下交通工程

【答案】DE

【解析】见表 1-1。

市政公用工程施工总承包企业承包工程范围　　　　表 1-1

序号	企业资质	承包工程范围
1	一级	可承担各种类市政公用工程的施工
2	二级	可承担下列市政公用工程的施工： (1) 各类城市道路；单跨 45m 及以下的城市桥梁； (2) 15 万 t/d 及以下的供水工程；10 万 t/d 及以下的污水处理工程；2 万 t/d 及以下的给水泵站，15 万 t/d 及以下的污水泵站、雨水泵站；各类给水排水及中水管道工程； (3) 中压以下燃气管道、调压站；供热面积 150 万 m² 及以下热力工程和各类热力管道工程； (4) 各类城市生活垃圾处理工程； (5) 断面 25m² 及以下隧道工程和地下交通工程； (6) 各类城市广场、地面停车场硬质铺装； (7) 单项合同额 4000 万元及以下的市政综合工程
3	三级	可承担下列市政公用工程的施工： (1) 城市道路工程（不含快速路）；单跨 25m 及以下的城市桥梁工程； (2) 8 万 t/d 及以下的给水厂；6 万 t/d 及以下的污水处理工程；10 万 t/d 及以下的给水泵站，10 万 t/d 及以下的污水泵站、雨水泵站，直径 1m 及以下供水管道；直径 1.5m 及以下污水及中水管道； (3) 2kg/cm² 及以下中压、低压燃气管道、调压站；供热面积 50 万 m² 及以下热力工程，直径 0.2m 及以下热力管道； (4) 单项合同额 2500 万元及以下的城市生活垃圾处理工程； (5) 单项合同额 2000 万元及以下地下交通工程（不包括轨道交通工程）； (6) 5000m² 及以下城市广场、地面停车场硬质铺装； (7) 单项合同额 2500 万元及以下的市政综合工程

6. 以下各类市政公用工程的施工中，二级企业可以承揽的有（　　）。

A. 各类城市道路；单跨跨度 45m 及以下的城市桥梁
B. 各类城市生活垃圾处理工程
C. 各类城市广场、地面停车场硬质铺装
D. 单项合同额 4500 万元及以下的市政综合工程
E. 供热面积 200 万 m² 的热力工程

【答案】ABC

【解析】见表 1-1。

7. 下列关于联合体承包工程的表述中，正确的有（　　）。
   A. 联合体只能按成员中资质等级低的单位的业务许可范围承包工程
   B. 联合体各方对承包合同的履行负连带责任
   C. 如果出现赔偿责任，建设单位只能向联合体索偿
   D. 联合体承包工程不利于规避承包风险
   E. 联合体成员结成非法人联合体承包工程

【答案】ABE

【解析】两个以上的承包单位组成联合体共同承包建设工程的行为称为联合承包。依据《建筑法》第27条，联合体作为投标人投标时，应当按照资质等级较低的单位的业务许可范围承揽工程。联合体的成员单位对承包合同的履行承担连带责任。《民法通则》第87条规定，负有连带义务的每个债务人，都有清偿全部债务的义务。因此，联合体的成员单位都附有清偿全部债务的义务。

8. 《建筑法》规定：禁止总承包单位将工程分包给不具备相应资质条件的单位，禁止分包单位将其承包的工程再分包。以下情形属于违法分包的是（　　）。
   A. 分包单位将其承包的建设工程再分包的
   B. 施工总承包人或专业分包人将其承包工程中的劳务作业分包给劳务分包企业
   C. 总承包单位将建设工程分包给不具备相应资质条件的单位的
   D. 建设工程总承包合同中未有约定，又未经建设单位认可，承包单位将其承包的部分建设工程交由其他单位完成的
   E. 施工总承包单位将建设工程主体结构的施工分包给其他单位的

【答案】ACDE

【解析】依据《建筑法》的规定：《建设工程质量管理条例》进一步将违法分包界定为如下几种情形：1）总承包单位将建设工程分包给不具备相应资质条件的单位的；2）建设工程总承包合同中未有约定，又未经建设单位认可，承包单位将其承包的部分建设工程交由其他单位完成的；3）施工总承包单位将建设工程主体结构的施工分包给其他单位的；4）分包单位将其承包的建设工程再分包的。

9. 在进行生产安全事故报告和调查处理时，必须坚持"四不放过"的原则，包括（　　）。
   A. 事故原因分析不清楚不放过
   B. 事故责任者和群众没有受到教育不放过
   C. 事故单位未处理不放过
   D. 事故责任者没有处理不放过
   E. 没有制定防范措施不放过

【答案】ABD

【解析】事故处理必须遵循一定的程序，坚持"四不放过"原则，即事故原因分析不清不放过；事故责任者和群众没有受到教育不放过；事故隐患不整改不放过；事故的责任者没有受到处理不放过。

10. 下列关于安全责任追究制度的说法，正确的是（　　）。
    A. 建设单位由于没有履行职责造成人员伤亡和事故损失的，依法给予不同金额的罚款处理
    B. 情节严重的，处以10万元以上50万元以下罚款，并吊销资质证书

C. 构成犯罪的，依法追究刑事责任
D. 由于没有履行职责造成人员伤亡和事故损失，情节严重的，可以责令停业整顿
E. 施工单位由于没有履行职责造成人员伤亡和事故损失，情节严重的，可以降低资质等级或吊销资质证书

【答案】CDE

【解析】建设单位、设计单位、施工单位、监理单位，由于没有履行职责造成人员伤亡和事故损失的，视情节给予相应处理；情节严重的，责令停业整顿，降低资质等级或吊销资质证书；构成犯罪的，依法追究刑事责任。

11. 生产经营单位安全生产保障措施由（　　）组成。
A. 经济保障措施　　　　　　B. 技术保障措施
C. 组织保障措施　　　　　　D. 法律保障措施
E. 管理保障措施

【答案】ABCE

【解析】生产经营单位安全生产保障措施由组织保障措施、管理保障措施、经济保障措施、技术保障措施四部分组成。

12. 下列属于生产经营单位的安全生产管理人员职责的是（　　）。
A. 对检查中发现的安全问题，应当立即处理；不能处理的，应当及时报告本单位有关负责人
B. 及时、如实报告生产安全事故
C. 检查及处理情况应当记录在案
D. 督促、检查本单位的安全生产工作，及时消除生产安全事故隐患
E. 根据本单位的生产经营特点，对安全生产状况进行经常性检查

【答案】ACE

【解析】《安全生产法》第38条规定：生产经营单位的安全生产管理人员应当根据本单位的生产经营特点，对安全生产状况进行经常性检查；对检查中发现的安全问题，应当立即处理；不能处理的，应当及时报告本单位有关负责人。检查及处理情况应当记录在案。

13. 下列措施中，属于生产经营单位安全生产保障措施中经济保障措施的是（　　）。
A. 保证劳动防护用品、安全生产培训所需要的资金
B. 保证安全设施所需要的资金
C. 保证安全生产所必需的资金
D. 保证员工食宿设备所需要的资金
E. 保证工伤社会保险所需要的资金

【答案】ABCE

【解析】生产经营单位安全生产经济保障措施指的是保证安全生产所必需的资金，保证安全设施所需要的资金，保证劳动防护用品、安全生产培训所需要的资金，保证工伤社会保险所需要的资金。

14. 下列措施中，属于生产经营单位安全生产保障措施中技术保障措施的是（　　）。
A. 物质资源管理由设备的日常管理

B. 对废弃危险物品的管理
C. 新工艺、新技术、新材料或者使用新设备的管理
D. 生产经营项目、场所、设备的转让管理
E. 对员工宿舍的管理

【答案】BCE

【解析】生产经营单位安全生产技术保障措施包含对新工艺、新技术、新材料或者使用新设备的管理，对安全条件论证和安全评价的管理，对废弃危险物品的管理，对重大危险源的管理，对员工宿舍的管理，对危险作业的管理，对安全生产操作规程的管理以及对施工现场的管理8个方面。

15. 根据《安全生产管理条例》，以下分部分项工程需要编制专项施工方案（　　）。
A. 基坑支护与降水工程
B. 拆除、爆破工程
C. 土方开挖工程
D. 屋面工程
E. 砌筑工程

【答案】ABC

【解析】《建设工程安全生产管理条例》第26条规定，对达到一定规模的危险性较大的分部分项工程编制专项施工方案，并附具安全验算结果，经施工单位技术负责人、总监理工程师签字后实施，由专职安全生产管理人员进行现场监督：1）基坑支护与降水工程；2）土方开挖工程；3）模板工程；4）起重吊装工程；5）脚手架工程；6）拆除、爆破工程；7）国务院建设行政主管部门或其他有关部门规定的其他危险性较大的工程。

第二章 市政工程材料

一、判断题

1. 气硬性胶凝材料只能在空气中凝结、硬化、保持和发展强度，一般只适用于干燥环境，不宜用于潮湿环境与水中；那么水硬性胶凝材料则只能适用于潮湿环境与水中。

【答案】错误

【解析】气硬性胶凝材料只能在空气中凝结、硬化、保持和发展强度，一般只适用于干燥环境，不宜用于潮湿环境与水中。水硬性胶凝材料既能在空气中硬化，也能在水中凝结、硬化、保持和发展强度，既适用于干燥环境，又适用于潮湿环境与水中工程。

2. 通常将水泥、矿物掺合料、粗细骨料、水和外加剂按一定的比例配制而成的、干表观密度为 2000～3000kg/m³ 的混凝土称为普通混凝土。

【答案】错误

【解析】通常将水泥、矿物掺合料、粗细骨料、水和外加剂按一定的比例配制而成的、干表观密度为 2000～2800kg/m³ 的混凝土称为普通混凝土。

3. 混凝土立方体抗压强度标准值系指按照标准方法制成边长为 150mm 的标准立方体试件，在标准条件（温度 20℃±2℃，相对湿度为 95% 以上）下养护 28d，然后采用标准试验方法测得的极限抗压强度值。

【答案】正确

【解析】按照标准方法制成边长为 150mm 的标准立方体试件，在标准条件（温度 20℃±2℃，相对湿度为 95% 以上）下养护 28d，然后采用标准试验方法测得的极限抗压强度值，称为混凝土的立方体抗压强度。

4. 混凝土的轴心抗压强度是采用 150mm×150mm×500mm 棱柱体作为标准试件，在标准条件（温度 20℃±2℃，相对湿度为 95% 以上）下养护 28d，采用标准试验方法测得的抗压强度值。

【答案】错误

【解析】混凝土的轴心抗压强度是采用 150mm×150mm×300mm 棱柱体作为标准试件，在标准条件（温度 20℃±2℃，相对湿度为 95% 以上）下养护 28d，采用标准试验方法测得的抗压强度值。

5. 我国目前采用劈裂试验方法测定混凝土的抗拉强度。劈裂试验方法是采用边长为 150mm 的立方体标准试件，按规定的劈裂拉伸试验方法测定的混凝土的劈裂抗拉强度。

【答案】正确

【解析】我国目前采用劈裂试验方法测定混凝土的抗拉强度。劈裂试验方法是采用边长为 150mm 的立方体标准试件，按规定的劈裂拉伸试验方法测定混凝土的劈裂抗拉强度。

6. 水泥是混凝土组成材料中最重要的材料，也是成本支出最多的材料，更是影响混凝土强度、耐久性最重要的影响因素。

【答案】正确

【解析】水泥是混凝土组成材料中最重要的材料，也是成本支出最多的材料，更是影响混凝土强度、耐久性最重要的影响因素。

7. 混凝土外加剂按照其主要功能分为高性能减水剂、高效减水剂、普通减水剂、引气减水剂、泵送剂、早强剂、缓凝剂和引气剂共八类。

【答案】正确

【解析】混凝土外加剂按照其主要功能分为八类：高性能减水剂、高效减水剂、普通减水剂、引气减水剂、泵送剂、早强剂、缓凝剂和引气剂。

8. 改善混凝土拌合物流变性的外加剂，包括减水剂、泵送剂等。

【答案】正确

【解析】改善混凝土拌合物流变性的外加剂，包括减水剂、泵送剂等。

9. 混合砂浆强度较高，耐久性较好，但流动性和保水性较差，可用于砌筑较干燥环境下的砌体。

【答案】错误

【解析】混合砂浆强度较高，且耐久性、流动性和保水性均较好，便于施工，易保证施工质量，是砌体结构房屋中常用的砂浆。

10. 低碳钢拉伸时，从受拉至拉断，经历的四个阶段为：弹性阶段、强化阶段、屈服阶段和颈缩阶段。

【答案】错误

【解析】低碳钢从受拉至拉断，共经历的四个阶段：弹性阶段，屈服阶段，强化阶段和颈缩阶段。

11. 冲击韧性指标是通过标准试件的弯曲冲击韧性试验确定的。

【答案】正确

【解析】冲击韧性是指钢材抵抗冲击力荷载的能力。冲击韧性指标是通过标准试件的弯曲冲击韧性试验确定的。

12. 焊接的质量取决于焊接工艺、焊接材料及钢的焊接性能。

【答案】正确

【解析】焊接的质量取决于焊接工艺、焊接材料及钢的焊接性能。

13. 沥青被广泛应用于防水、防腐、道路工程和水工建筑中。

【答案】正确

【解析】沥青及沥青混合料被广泛应用于防水、防腐、道路工程和水工建筑中。

14. 在一定的温度范围内，当温度升高，沥青黏滞性随之降低，反之则增大。

【答案】正确

【解析】在一定的温度范围内，当温度升高时，沥青黏滞性随之降低，反之则增大。

15. 沥青混合料是沥青与矿质集料混合形成的混合物。

【答案】正确

【解析】沥青混合料是用适量的沥青与一定级配的矿质集料经过充分拌合而形成的混合物。

二、单选题

1. 属于水硬性胶凝材料的是（　　）。
   A. 石灰　　　　　　　　　　B. 石膏
   C. 水泥　　　　　　　　　　D. 水玻璃

   【答案】C

   【解析】按照硬化条件的不同，无机胶凝材料分为气硬性胶凝材料和水硬性胶凝材料。前者如石灰、石膏、水玻璃等，后者如水泥。

2. 气硬性胶凝材料一般只适用于（　　）环境中。
   A. 干燥　　　　　　　　　　B. 干湿交替
   C. 潮湿　　　　　　　　　　D. 水中

   【答案】A

   【解析】气硬性胶凝材料只能在空气中凝结、硬化、保持和发展强度，一般只适用于干燥环境，不宜用于潮湿环境与水中。

3. 按用途和性能对水泥的分类中，下列哪项是不属于的（　　）。
   A. 通用水泥　　　　　　　　B. 专用水泥
   C. 特性水泥　　　　　　　　D. 多用水泥

   【答案】D

   【解析】按其用途和性能可分为通用水泥、专用水泥和特性水泥三大类。

4. 水泥强度是根据（　　）龄期的抗折强度和抗压强度来划分的。
   A. 3d 和 7d　　　　　　　　B. 7d 和 14d
   C. 3d 和 14d　　　　　　　D. 3d 和 28d

   【答案】D

   【解析】水泥强度根据3d和28d龄期的抗折强度和抗压强度进行评定，通用水泥的强度等级划分见表2-1。

通用水泥的主要技术性能　　　　表2-1

性能	品种	硅酸盐水泥	普通水泥	矿渣水泥	火山灰水泥	粉煤灰水泥	复合水泥
水泥中混合材料掺量		0~5%	活性混合材料6%~15%，或非活性混合材料10%以下	粒化高炉矿渣20%~70%	火山灰质混合材料20%~50%	粉煤灰20%~40%	两种或两种以上混合材料，其总掺量为15%~50%
密度（g/cm^3）		3.0~3.15			2.8~3.1		
堆积密度（kg/cm^3）		1000~1600		1000~1200	900~1000		1000~1200
细度		比表面积 >$300m^2/kg$	80μm方孔筛筛余量<10%				
凝结时间	初凝	>45min					
	终凝	<6.5h	<10h				

续表

性能	品种	硅酸盐水泥	普通水泥	矿渣水泥	火山灰水泥	粉煤灰水泥	复合水泥
体积安定性	安定性	沸煮法必须合格（若试饼法和雷氏法两者有争议，以雷氏法为准）					
	MgO	含量<5.0%					
	SO₃	含量<3.5%（矿渣水泥中含量<4.0%）					
碱含量		用户要求低碱水泥时，按 $Na_2O+0.685K_2O$ 计算的碱含量，不得大于0.06%，或由供需双方商定					
强度等级		42.5、42.5R、52.5、52.5R、62.5、62.5R	42.5、42.5R、52.5、52.5R	32.5、32.5R、42.5、42.5R、52.5、52.5R			

注：R表示早强型。

5. 以下（　　）不宜用于大体积混凝土施工。
A. 普通硅酸盐水泥　　　　　　B. 矿渣硅酸盐水泥
C. 火山灰质硅酸盐水泥　　　　D. 粉煤灰硅酸盐水泥

【答案】A

【解析】为了避免由于温度应力引起水泥石的开裂，在大体积混凝土工程中，不宜采用硅酸盐水泥，而应采用水化热低的水泥如中热水泥、低热矿渣水泥等，水化热的数值可根据国家标准规定的方法测定。

6. 下列各项中不属于建筑工程常用的特性水泥的是（　　）。
A. 快硬硅酸盐水泥
B. 膨胀水泥
C. 白色硅酸盐水泥和彩色硅酸盐水泥
D. 火山灰质硅酸盐水泥

【答案】D

【解析】建筑工程中常用的特性水泥有快硬硅酸盐水泥、白色硅酸盐水泥和彩色硅酸盐水泥、膨胀水泥。

7. 下列关于建筑工程常用的特性水泥的特性及应用的表述中，错误的是（　　）。
A. 白水泥和彩色水泥主要用于建筑物内外的装饰
B. 膨胀水泥主要用于收缩补偿混凝土部位施工，防渗混凝土，防身砂浆，结构的加固，构件接缝、后浇带，固定设备的机座及地脚螺栓等
C. 快硬水泥易受潮变质，故储运时须特别注意防潮，并应及时使用，不宜久存，出厂超过3个月，应重新检验，合格后方可使用
D. 快硬硅酸盐水泥可用于紧急抢修工程、低温施工工程等，可配制成早强、高等级混凝土

【答案】C

【解析】快硬硅酸盐水泥可用于紧急抢修工程、低温施工工程等，可配制成早强、高等级混凝土。快硬水泥易受潮变质，故储运时须特别注意防潮，并应及时使用，不宜久存，出厂超过1个月，应重新检验，合格后方可使用。白水泥和彩色水泥主要用于建筑物

内外的装饰。膨胀水泥主要用于收缩补偿混凝土工程、防渗混凝土、防身砂浆、结构的加固，构件接缝、接头的灌浆，固定设备的机座及地脚螺栓等。

8. 下列关于普通混凝土的分类方法中错误的是（　　）。

　　A. 按用途分为结构混凝土、抗渗混凝土、抗冻混凝土、大体积混凝土、水工混凝土、耐热混凝土、耐酸混凝土、装饰混凝土等

　　B. 按强度等级分为普通强度混凝土、高强混凝土、超高强混凝土

　　C. 按强度等级分为低强度混凝土、普通强度混凝土、高强混凝土、超高强混凝土

　　D. 按施工工艺分为喷射混凝土、泵送混凝土、碾压混凝土、压力灌浆混凝土、离心混凝土、真空脱水混凝土

【答案】C

【解析】普通混凝土可以从不同的角度进行分类。按用途分为结构混凝土、抗渗混凝土、抗冻混凝土、大体积混凝土、水工混凝土、耐热混凝土、耐酸混凝土、装饰混凝土等。按强度等级分为普通强度混凝土、高强混凝土、超高强混凝土。按施工工艺分为喷射混凝土、泵送混凝土、碾压混凝土、压力灌浆混凝土、离心混凝土、真空脱水混凝土。

9. 下列关于普通混凝土的主要技术性质的表述中，正确的是（　　）。

　　A. 混凝土拌合物的主要技术性质为和易性，硬化混凝土的主要技术性质包括强度、变形和耐久性等

　　B. 和易性是满足施工工艺要求的综合性质，包括流动性和保水性

　　C. 混凝土拌合物的和易性目前主要以测定流动性的大小来确定

　　D. 根据坍落度值的大小将混凝土进行分级时，坍落度160mm的混凝土为流动性混凝土

【答案】A

【解析】混凝土拌合物的主要技术性质为和易性，硬化混凝土的主要技术性质包括强度、变形和耐久性等。和易性是满足施工工艺要求的综合性质，包括流动性、黏聚性和保水性。混凝土拌合物的和易性目前还很难用单一的指标来评定，通常是以测定流动性为主，兼顾黏聚性和保水性。坍落度数值越大，表明混凝土拌合物流动性大，根据坍落度值的大小，可将混凝土分为四级：大流动性混凝土（坍落度大于160mm）、流动性混凝土（坍落度100~150mm）、塑性混凝土（坍落度10~90mm）和干硬性混凝土（坍落度小于10mm）。

10. 混凝土拌合物的主要技术性质为（　　）。

　　A. 强度　　　　　　　　　　B. 和易性

　　C. 变形　　　　　　　　　　D. 耐久性

【答案】B

【解析】混凝土拌合物的主要技术性质为和易性，硬化混凝土的主要技术性质包括强度、变形和耐久性等。

11. 下列关于混凝土的耐久性的相关表述中，正确的是（　　）。

　　A. 抗渗等级是以28d龄期的标准试件，用标准试验方法进行试验，以每组八个试件，六个试件未出现渗水时，所能承受的最大静水压来确定

　　B. 主要包括抗渗性、抗冻性、耐久性、抗碳化、抗碱—骨料反应等方面

C. 抗冻等级是 28d 龄期的混凝土标准试件，在浸水饱和状态下，进行冻融循环试验，以抗压强度损失不超过 20%，同时质量损失不超过 10% 时，所能承受的最大冻融循环次数来确定

D. 当工程所处环境存在侵蚀介质时，对混凝土必须提出耐久性要求

【答案】B

【解析】混凝土的耐久性主要包括抗渗性、抗冻性、耐久性、抗碳化、抗碱—骨料反应等方面。抗渗等级是以 28d 龄期的标准试件，用标准试验方法进行试验，以每组六个试件，四个试件未出现渗水时，所能承受的最大静水压来确定。抗冻等级是 28d 龄期的混凝土标准试件，在浸水饱和状态下，进行冻融循环试验，以抗压强度损失不超过 25%，同时质量损失不超过 5% 时，所能承受的最大冻融循环次数来确定。当工程所处环境存在侵蚀介质时，对混凝土必须提出耐蚀性要求。

12. 下列表述，不属于高性能混凝土的主要特性的是（　　）。
A. 具有一定的强度和高抗渗能力　　B. 具有良好的工作性
C. 力学性能良好　　D. 具有较高的体积稳定性

【答案】C

【解析】高性能混凝土是指具有高耐久性和良好的工作性，早期强度高而后期强度不倒缩，体积稳定性好的混凝土。高性能混凝土的主要特性为：具有一定的强度和高抗渗能力；具有良好的工作性；耐久性好；具有较高的体积稳定性。

13. 用于城市主干道的沥青混凝土混合料的动稳定度宜不小于（　　）次/mm。
A. 500　　B. 600
C. 700　　D. 800

【答案】B

【解析】用于高速公路、一级公路上面层或中面层的沥青混凝土混合料的动稳定度宜不小于 800 次/mm，对于城市主干道的沥青混合料的动稳定度不宜小于 600 次/mm。

14. 下列各项，不属于常用早强剂的是（　　）。
A. 氯盐类早强剂　　B. 硝酸盐类早强剂
C. 硫酸盐类早强剂　　D. 有机胺类早强剂

【答案】B

【解析】目前，常用的早强剂有氯盐类、硫酸盐类和有机胺类。

15. 改善混凝土拌合物和易性的外加剂的是（　　）。
A. 缓凝剂　　B. 早强剂
C. 引气剂　　D. 速凝剂

【答案】C

【解析】加入引气剂，可以改善混凝土拌合物和易性，显著提高混凝土的抗冻性和抗渗性，但会降低弹性模量及强度。

16. 下列关于膨胀剂、防冻剂、泵送剂、速凝剂的相关说法中，错误的是（　　）。
A. 膨胀剂是能使混凝土产生一定体积膨胀的外加剂
B. 常用防冻剂有氯盐类、氯盐阻锈类、氯盐与阻锈剂为主复合的外加剂、硫酸盐类
C. 泵送剂是改善混凝土泵送性能的外加剂

D. 速凝剂主要用于喷射混凝土、堵漏等

【答案】B

【解析】膨胀剂是能使混凝土产生一定体积膨胀的外加剂。常用防冻剂有氯盐类、氯盐阻锈类、氯盐与阻锈剂为主复合的外加剂、无氯盐类。泵送剂是改善混凝土泵送性能的外加剂。速凝剂主要用于喷射混凝土、堵漏等。

17. 下列对于砂浆与水泥的说法中错误的是（　　）。
A. 根据胶凝材料的不同，砌筑砂浆可分为石灰砂浆、水泥砂浆和混合砂浆
B. 水泥属于水硬性胶凝材料，因而只能在潮湿环境与水中凝结、硬化、保持和发展强度
C. 水泥砂浆强度高、耐久性和耐火性好，常用于地下结构或经常受水侵蚀的砌体部位
D. 水泥按其用途和性能可分为通用水泥、专用水泥以及特性水泥

【答案】B

【解析】根据所用胶凝材料的不同，砌筑砂浆可分为石灰砂浆、水泥砂浆和混合砂浆（包括水泥石灰砂浆、水泥黏土砂浆、石灰黏土砂浆、石灰粉煤灰砂浆等）等。水硬性胶凝材料既能在空气中硬化，也能在水中凝结、硬化、保持和发展强度，既适用于干燥环境，又适用于潮湿环境与水中工程。水泥砂浆强度高、耐久性和耐火性好，但其流动性和保水性差，施工相对难，常用于地下结构或经常受水侵蚀的砌体部位。水泥按其用途和性能可分为通用水泥、专用水泥以及特性水泥。

18. 下列关于砌筑砂浆主要技术性质的说法中，错误的是（　　）。
A. 砌筑砂浆的技术性质主要包括新版砂浆的密度、和易性、硬化砂浆强度和对基面的粘结力、抗冻性、收缩值等指标
B. 流动性的大小用"沉入度"表示，通常用砂浆稠度测定仪测定
C. 砂浆流动性的选择与砌筑种类、施工方法及天气情况有关。流动性过大，砂浆太稀，不仅铺砌难，而且硬化后强度降低；流动性过小，砂浆太稠，难于铺平
D. 砂浆的强度是以5个150mm×150mm×150mm的立方体试块，在标准条件下养护28d后，用标准方法测得的抗压强度（MPa）算术平均值来评定的

【答案】D

【解析】砌筑砂浆的技术性质主要包括新版砂浆的密度、和易性、硬化砂浆强度和对基面的粘结力、抗冻性、收缩值等指标。流动性的大小用"沉入度"表示，通常用砂浆稠度测定仪测定。砂浆流动性的选择与砌筑种类、施工方法及天气情况有关。流动性过大，砂浆太稀，不仅铺砌难，而且硬化后强度降低；流动性过小，砂浆太稠，难于铺平。砂浆的强度是以3个70.7mm×70.7mm×70.7mm的立方体试块，在标准条件下养护28d后，用标准方法测得的抗压强度（MPa）算术平均值来评定的。

19. 砂浆流动性的大小用（　　）表示。
A. 坍落度　　　　　　　　B. 分层度
C. 沉入度　　　　　　　　D. 针入度

【答案】C

【解析】流动性的大小用"沉入度"表示，通常用砂浆稠度测定仪测定。

20. 下列关于砌筑砂浆的组成材料及其技术要求的说法中，正确的是（　　）。

A. M15 及以下强度等级的砌筑砂浆宜选用 42.5 级通用硅酸盐水泥或砌筑水泥

B. 砌筑砂浆常用的细骨料为普通砂。砂的含泥量不应超过 5%

C. 生石灰熟化成石灰膏时，应用孔径不大于 3mm×3mm 的网过滤，熟化时间不得少于 7d；磨细生石灰粉的熟化时间不得少于 3d

D. 制作电石膏的电石渣应用孔径不大于 3mm×3mm 的网过滤，检验时应加热至 70℃ 并保持 60min，没有乙炔气味后，方可使用

【答案】B

【解析】M15 及以下强度等级的砌筑砂浆宜选用 32.5 级通用硅酸盐水泥或砌筑水泥。砌筑砂浆常用的细骨料为普通砂。砂的含泥量不应超过 5%。生石灰熟化成石灰膏时，应用孔径不大于 3mm×3mm 的网过滤，熟化时间不得少于 7d；磨细生石灰粉的熟化时间不得少于 2d。制作电石膏的电石渣应用孔径不大于 3mm×3mm 的网过滤，检验时应加热至 70℃ 并保持 20min，没有乙炔气味后，方可使用。

21. 下列关于烧结砖的分类、主要技术要求及应用的相关说法中，正确的是（　　）。

A. 强度、抗风化性能和放射性物质合格的烧结普通砖，根据尺寸偏差、外观质量、泛霜和石灰爆裂等指标，分为优等品、一等品、合格品三个等级

B. 强度和抗风化性能合格的烧结空心砖，根据尺寸偏差、外观质量、孔型及孔洞排列、泛霜、石灰爆裂分为优等品、一等品、合格品三个等级

C. 烧结多孔砖主要用作非承重墙，如多层建筑内隔墙或框架结构的填充墙

D. 烧结空心砖在对安全性要求低的建筑中，可以用于承重墙体

【答案】A

【解析】强度、抗风化性能和放射性物质合格的烧结普通砖，根据尺寸偏差、外观质量、泛霜和石灰爆裂等指标，分为优等品、一等品、合格品三个等级。强度和抗风化性能合格的烧结多孔砖，根据尺寸偏差、外观质量、孔型及孔洞排列、泛霜、石灰爆裂分为优等品、一等品、合格品三个等级。烧结多孔砖可以用于承重墙体。优等品可用于墙体装饰和清水墙砌筑，一等品和合格品可用于混水墙，中泛霜的砖不得用于潮湿部位。烧结空心砖主要用作非承重墙，如多层建筑内隔墙或框架结构的填充墙。

22. 下列关于混凝土砌块的分类、主要技术要求的相关说法中，错误的是（　　）。

A. 混凝土砌块是以水泥和普通骨料或粉煤灰原料按一定配比，经高频振捣、垂直挤压、高压蒸养而成

B. 对用于路面的砌块抗压强度与抗折强度没有要求

C. 大方砖、彩色步道砖应用于人行道、公共广场和停车场

D. 砌块中空部分插筋浇筑细石混凝土，有效地提高了构筑物、检查井的整体性能和抗渗性能

【答案】B

【解析】混凝土砌块是以水泥和普通骨料或粉煤灰原料按一定配比，经高频振捣、垂直挤压、高压蒸养而成，其规格品种较多，可按所用工程分类。城市道路所用砌块可分为三类：路缘石、大方砖及坡脚护砌的六棱砖和多孔砖；挡土墙砌块及装饰性蘑菇石类砌块；各种大方砖、彩色步道砖应用于人行道、公共广场和停车场。用于路面的砌块抗压强

度与抗折强度应符合设计要求。在潮湿和浸水地区使用时,其抗冻性能应进行试验,符合设计要求。给水排水构筑物多采用榫槽式混凝土砌块,可以根据工程要求进行拼装。砌块中空部分可插筋浇筑细石混凝土,有效地提高了构筑物、检查井的整体性能和抗渗性能。

23. 下列关于钢材的分类的相关说法中,错误的是（　　）。
    A. 按化学成分合金钢分为低合金钢、中合金钢和高合金钢
    B. 按质量分为普通钢、优质钢和高级优质钢
    C. 含碳量为0.2%～0.5%的碳素钢为中碳钢
    D. 按脱氧程度分为沸腾钢、镇静钢和特殊镇静钢

【答案】C

【解析】按化学成分合金钢分为低合金钢、中合金钢和高合金钢。按脱氧程度分为沸腾钢、镇静钢和特殊镇静钢。按质量分为普通钢、优质钢和高级优质钢。碳素钢中中碳钢的含碳量为0.25%～0.6%。

24. 低碳钢是指含碳量（　　）的钢材。
    A. 小于0.25%　　　　　　　　B. 0.25%～0.6%
    C. 大于0.6%　　　　　　　　 D. 0.6%～5%

【答案】A

【解析】见表2-2。

钢材的分类　　　　　　　　　　　　　　　　　表2-2

分类方法	类别		特性
按化学成分分类	碳素钢	低碳钢	含碳量<0.25%
		中碳钢	含碳量0.25%～0.60%
		高碳钢	含碳量>0.60%
	合金钢	低合金钢	合金元素总含量<5%
		中合金钢	合金元素总含量5%～10%
		高合金钢	合金元素总含量>10%
按脱氧程度分类	沸腾钢		脱氧不完全,硫、磷等杂质偏析较严重,代号为"F"
	镇静钢		脱氧完全,同时去硫,代号为"Z"
	特殊镇静钢		比镇静钢脱氧程度还要充分彻底,代号为"TZ"
按质量分类	普通钢		含硫量≤0.055%～0.065%,含磷量≤0.045%～0.085%
	优质钢		含硫量≤0.03%～0.045%,含磷量≤0.035%～0.045%
	高级优质钢		含硫量≤0.02%～0.03%,含磷量≤0.027%～0.035%

25. 在反复荷载作用下的结构构件,钢材往往在应力远小于抗拉强度时发生断裂,这种现象称为钢材的（　　）。
    A. 徐变　　　　　　　　　　　B. 应力松弛
    C. 疲劳破坏　　　　　　　　　D. 塑性变形

【答案】C

【解析】在反复荷载作用下的结构构件，钢材往往在应力远小于抗拉强度时发生断裂，这种现象称为钢材的疲劳破坏。

26. 下列关于钢结构用钢材的相关说法中，正确的是（　　）。
  A. 工字型钢主要用于承受轴向力的杆件、承受横向弯曲的梁以及联系杆件
  B. Q235A 代表屈服强度为 $235N/mm^2$，A 级，沸腾钢
  C. 低合金高强度结构钢均为镇静钢或特殊镇静钢
  D. 槽钢广泛应用于各种建筑结构和桥梁，主要用于承受横向弯曲的杆件，但不宜单独用作轴心受压构件或双向弯曲的构件

【答案】C

【解析】Q235A 代表屈服强度为 $235N/mm^2$，A 级，镇静钢。低合金高强度结构钢均为镇静钢或特殊镇静钢。工字钢广泛应用于各种建筑结构和桥梁，主要用于承受横向弯曲（腹板平面内受弯）的杆件，但不宜单独用作轴心受压构件或双向弯曲的构件。槽钢主要用于承受轴向力的杆件、承受横向弯曲的梁以及联系杆件。

27. 下列关于型钢的相关说法中，错误的是（　　）。
  A. 与工字型钢相比，H 型钢优化了截面的分布，具有翼缘宽，侧向刚度大，抗弯能力强，翼缘两表面相互平行、连接构造方便、重量轻、节省钢材等优点
  B. 钢结构所用钢材主要是型钢和钢板
  C. 不等边角钢的规格以"长边宽度×短边宽度×厚度"（mm）或"长边宽度/短边宽度"（cm）表示
  D. 在房屋建筑中，冷弯型钢可用做钢架、桁架、梁、柱等主要承重构件，但不可用作屋面檩条、墙架梁柱、龙骨、门窗、屋面板、墙面板、楼板等次要构件和围护结构

【答案】D

【解析】钢结构所用钢材主要是型钢和钢板。不等边角钢的规格以"长边宽度×短边宽度×厚度"（mm）或"长边宽度/短边宽度"（cm）表示。与工字型钢相比，H 型钢优化了截面的分布，具有翼缘宽，侧向刚度大，抗弯能力强，翼缘两表面相互平行、连接构造方便、重量轻、节省钢材等优点。在房屋建筑中，冷弯型钢可用做钢架、桁架、梁、柱等主要承重构件，也被用作屋面檩条、墙架梁柱、龙骨、门窗、屋面板、墙面板、楼板等次要构件和围护结构。热轧碳素结构钢厚板，是钢结构的主要用钢材。

28. （　　）级钢冲击韧性很好，具有较强的抗冲击、振动荷载的能力，尤其适宜在较低温度下使用。
  A. Q235A   B. Q235B
  C. Q235C   D. Q235D

【答案】D

【解析】Q235D 级钢冲击韧性很好，具有较强的抗冲击、振动荷载的能力，尤其适宜在较低温度下使用。

29. 厚度大于（　　）mm 的钢板为厚板。
  A. 2   B. 3
  C. 4   D. 5

【答案】C

【解析】厚度大于4mm为厚板；厚度不大于4mm的为薄板。

30. 石油沥青的黏滞性一般用（　　）来表示。
A. 延度
B. 针入度
C. 软化点
D. 流动度

【答案】B

【解析】石油沥青的黏滞性一般采用针入度来表示。

三、多选题

1. 下列关于通用水泥的特性及应用的基本规定中，表述正确的是（　　）。
A. 复合硅酸盐水泥适用于早期强度要求高的工程及冬期施工的工程
B. 矿渣硅酸盐水泥适用于大体积混凝土工程
C. 粉煤灰硅酸盐水泥适用于有抗渗要求的工程
D. 火山灰质硅酸盐水泥适用于抗裂性要求较高的构件
E. 硅酸盐水泥适用于严寒地区遭受反复冻融作用的混凝土工程

【答案】BE

【解析】硅酸盐水泥适用于早期强度要求高的工程及冬期施工的工程；严寒地区遭受反复冻融作用的混凝土工程。矿渣硅酸盐水泥适用于大体积混凝土工程。火山灰质硅酸盐水泥适用于有抗渗要求的工程。粉煤灰硅酸盐水泥适用于抗裂性要求较高的构件。

2. 下列各项，属于通用水泥的主要技术性质指标的是（　　）。
A. 细度
B. 凝结时间
C. 黏聚性
D. 体积安定性
E. 水化热

【答案】ABDE

【解析】通用水泥的主要技术性质有细度、标准稠度及其用水量、凝结时间、体积安定性、水泥的强度、水化热。

3. 下列关于通用水泥的主要技术性质指标的基本规定中，表述错误的是（　　）。
A. 硅酸盐水泥的细度用密闭式比表面仪测定
B. 硅酸盐水泥初凝时间不得早于45min，终凝时间不得迟于6.5h
C. 水泥熟料中游离氧化镁含量不得超过5.0%，三氧化硫含量不得超过3.5%。体积安定性不合格的水泥可用于次要工程中
D. 水泥强度是表征水泥力学性能的重要指标，它与水泥的矿物组成、水泥细度、水胶比大小、水化龄期和环境温度等密切相关
E. 熟料矿物中铝酸三钙和硅酸三钙的含量愈高，颗粒愈细，则水化热愈大

【答案】AC

【解析】硅酸盐水泥的细度用透气式比表面仪测定。硅酸盐水泥初凝时间不得早于45min，终凝时间不得迟于6.5h。水泥熟料中游离氧化镁含量不得超过5.0%，三氧化硫含量不得超过3.5%。体积安定性不合格的水泥为废品，不能用于工程中。水泥强度是表征水泥力学性能的重要指标，它与水泥的矿物组成、水泥细度、水灰比大小、水化龄期和环境温度等密切相关。熟料矿物中铝酸三钙和硅酸三钙的含量愈高，颗粒愈细，则水化热

愈大。

4. 通用水泥的主要技术性质包括（　　）。
A. 细度
B. 标准稠度及其用水量
C. 黏滞性
D. 体积安定性
E. 强度

【答案】ABDE

【解析】通用水泥的主要技术性质有细度、标准稠度和用水量、凝结时间、体积安定性、水泥的强度、水化热。

5. 硬化混凝土的主要技术性质包括（　　）等。
A. 体积安定性
B. 强度
C. 抗冻性
D. 变形
E. 耐久性

【答案】BDE

【解析】混凝土拌合物的主要技术性质为和易性，硬化混凝土的主要技术性质包括强度、变形和耐久性等。

6. 下列关于普通混凝土的组成材料及其主要技术要求的相关说法中，正确的是（　　）。
A. 一般情况下，中、低强度的混凝土，水泥强度等级为混凝土强度等级的1.0~1.5倍
B. 天然砂的坚固性用硫酸钠溶液法检验，砂样经5次循环后其质量损失应符合国家标准的规定
C. 和易性一定时，采用粗砂配制混凝土，可减少拌合用水量，节约水泥用量
D. 按水源不同分为饮用水、地表水、地下水、海水及工业废水
E. 混凝土用水应优先采用符合国家标准的饮用水

【答案】BCE

【解析】一般情况下，中、低强度的混凝土（≤C30），水泥强度等级为混凝土强度等级的1.5~2.0倍。天然砂的坚固性用硫酸钠溶液法检验，砂样经5次循环后其质量损失应符合国家标准的规定。和易性一定时，采用粗砂配制混凝土，可减少拌合用水量，节约水泥用量。但砂过粗易使混凝土拌合物产生分层、离析和泌水等现象。按水源不同分为饮用水、地表水、地下水、海水及经处理过的工业废水。混凝土用水应优先采用符合国家标准的饮用水。

7. 下列各项，属于减水剂的是（　　）。
A. 高效减水剂
B. 早强减水剂
C. 复合减水剂
D. 缓凝减水剂
E. 泵送减水剂

【答案】ABD

【解析】减水剂是使用最广泛、品种最多的一种外加剂。按其用途不同，又可分为普通减水剂、高效减水剂、早强减水剂、缓凝减水剂、缓凝高效减水剂、引气减水剂等。

8. 混凝土缓凝剂主要用于（　　）的施工。

A. 高温季节施工的混凝土　　　　B. 蒸养混凝土
C. 大体积混凝土　　　　　　　　D. 滑模施工混凝土
E. 商品混凝土

【答案】ACD

【解析】缓凝剂适用于长时间运输的混凝土、高温季节施工的混凝土、泵送混凝土、滑模施工混凝土、大体积混凝土、分层浇筑的混凝土等。不适用于5℃以下施工的混凝土，也不适用于有早强要求的混凝土及蒸养混凝土。

9. 混凝土引气剂适用于（　　）的施工。
A. 蒸养混凝土　　　　　　　　　B. 大体积混凝土
C. 抗冻混凝土　　　　　　　　　D. 防水混凝土
E. 泌水严重的混凝土

【答案】CDE

【解析】引气剂适用于配制抗冻混凝土、泵送混凝土、港口混凝土、防水混凝土以及骨料质量差、泌水严重的混凝土，不适宜配制蒸汽养护的混凝土。

10. 石灰砂浆的特性有（　　）。
A. 流动性好　　　　　　　　　　B. 保水性好
C. 强度高　　　　　　　　　　　D. 耐久性好
E. 耐火性好

【答案】AB

【解析】石灰砂浆强度较低，耐久性差，但流动性和保水性较好，可用于砌筑较干燥环境下的砌体。

11. 砌筑砂浆的组成材料包括（　　）。
A. 油膏　　　　　　　　　　　　B. 水
C. 胶凝材料　　　　　　　　　　D. 细骨料
E. 掺加料

【答案】BCDE

【解析】将砖、石、砌块等块材粘结成为砌体的砂浆称为砌筑砂浆，它由胶凝材料、细骨料、掺加料和水配制而成的工程材料。

12. 下列关于砌筑用石材的分类及应用的相关说法中，正确的是（　　）。
A. 装饰用石材主要为板材
B. 细料石通过细加工、外形规则，叠砌面凹入深度不应大于10mm，截面的宽度、高度不应小于200mm，且不应小于长度的1/4
C. 毛料石外形大致方正，一般不加工或稍加修整，高度不应小于200mm，叠砌面凹入深度不应大于20mm
D. 毛石指形状不规则，中部厚度不小于300mm的石材
E. 装饰用石材主要用于公共建筑或装饰等级要求较高的室内外装饰工程

【答案】ABE

【解析】装饰用石材主要为板材。细料石通过细加工、外形规则，叠砌面凹入深度不应大于10mm，截面的宽度、高度不应小于200mm，且不应小于长度的1/4。毛料石外形

大致方正，一般不加工或稍加修整，高度不应小于200mm，叠砌面凹入深度不应大于25mm。毛石指形状不规则，中部厚度不小于300mm的石材。装饰用石材主要用于公共建筑或装饰等级要求较高的室内外装饰工程。

13. 下列关于沥青混合料分类相关说法中，正确的是（　　）。
  A. 特粗式沥青碎石混合料：集料最大粒径为35.5mm
  B. 粗粒式沥青混合料：集料最大粒径为26.5mm或31.5mm的沥青混合料
  C. 中粒式沥青混合料：集料最大粒径为16mm或21mm的沥青混合料
  D. 细粒式沥青混合料：集料最大粒径为9.5mm或13.2mm的沥青混合料
  E. 砂粒式沥青混合料：集料最大粒径为4.75mm或7.75mm的沥青混合料

【答案】BD

【解析】粗粒式沥青混合料：集料最大粒径为26.5mm或31.5mm的沥青混合料。中粒式沥青混合料：集料最大粒径为16mm或19mm的沥青混合料。细粒式沥青混合料：集料最大粒径为9.5mm或13.2mm的沥青混合料。砂粒式沥青混合料：集料最大粒径不大于4.75mm的沥青混合料。沥青碎石混合料中除上述4类外，尚有集料最大粒径大于37.5mm的特粗式沥青碎石混合料。

14. 下列关于说法中，正确的是（　　）。
  A. 矿粉在沥青混合料中起填充与改善沥青性能的作用
  B. 矿粉原石料中的泥土质量分数要小于2%
  C. 当采用水泥、石灰、粉煤灰作填料时，其用量不宜超过矿料总量的2%
  D. 粉煤灰烧失量小于10%
  E. 矿粉宜采用石灰岩或岩浆岩中的强基性岩石经磨细得到的矿粉

【答案】ACE

【解析】矿粉是粒径小于0.075mm的无机质细粒材料，它在沥青混合料中起填充与改善沥青性能的作用。矿粉宜采用石灰岩或岩浆岩中的强基性岩石经磨细得到的矿粉，原石料中的泥土质量分数要小于3%，其他杂质应除净，并且要求矿粉干燥、洁净、级配合理。当采用水泥、石灰、粉煤灰作填料时，其用量不宜超过矿料总量的2%，并要求粉煤灰与沥青有良好的黏附性，烧失量小于12%。

15. 下列关于防水卷材的相关说法中，正确的是（　　）。
  A. 评价沥青混合料高温稳定性的方法通常采用三轴试验
  B. 工程实际中常根据试件的低温劈裂试验来间接评定沥青混合料的抗低温能力
  C. 我国现行标准采用孔隙率、饱和度和残留稳定度等指标来表征沥青混合料的耐久性
  D. 荷载重复作用的次数越多它能承受的应力或应变值就越大
  E. 影响沥青混合料施工和易性的因素主要是含蜡量

【答案】BC

【解析】评价沥青混合料高温稳定性的方法主要有三轴试验、马歇尔稳定度、车辙试验（即动稳定度）等方法。由于三轴试验较为复杂，故通常采用马歇尔稳定度和车辙试验作为检验和评价沥青混合料的方法。工程实际中常根据试件的低温劈裂试验来间接评定沥青混合料的抗低温能力。我国现行标准采用孔隙率、饱和度和残留稳定度等指标来表征沥

青混合料的耐久性。沥青混合料的疲劳是材料载荷在重复作用下产生不可恢复的强度衰减积累所引起的一种现象。荷载重复作用的次数越多，强度的降低也越大，它能承受的应力或应变值就越小。沥青用量和含蜡量对抗滑性的影响非常敏感，即使沥青用量较最佳沥青用量只增加0.5%，也会式抗滑系数明显降低；沥青含蜡量对路面抗滑性的影响也十分显著，工程实际中应严格控制沥青含蜡量。影响沥青混合料施工和易性的因素主要是矿料级配。

第三章　市政工程识图

一、判断题

1. 道路平面图主要表达地形、路线两部分内容。

【答案】正确

【解析】道路平面图主要表达地形、路线两部分内容。

2. 道路纵断面图的作用是表达路线中心纵向线形以及地面起伏、地质和沿线设置构筑物的概况。

【答案】正确

【解析】道路纵断面图的作用是表达路线中心纵向线形以及地面起伏、地质和沿线设置构筑物的概况。

3. 道路路面结构图是沿道路路面的截面图。

【答案】错误

【解析】道路路面结构图是沿道路路面中心线垂直方向的截面图。

4. 市政给水和排水工程施工图可大致分为：给水和排水管道工程施工图、水处理构筑物施工图及工艺设备安装图。

【答案】正确

【解析】市政给水和排水工程施工图可大致分为：给水和排水管道工程施工图、水处理构筑物施工图及工艺设备安装图。

5. 道路平面图图示比例通常为1∶500。

【答案】错误

【解析】根据不同的地形地貌特点，地形图采用不同的比例。一般常采用的比例为1∶1000。由于城市规划图的比例通常为1∶500，所以道路平面图图示比例多为1∶5000。

6. 道路纵断面图布局分左右两部分。

【答案】错误

【解析】道路纵断面图布局分上下两部分，上方为图样，下方为资料列表，根据里程桩号对应图示。

7. 绘制地形图，将地形地物按照规定图例及选定比例描绘在图纸上，必要时用文字或符号注明。

【答案】正确

【解析】绘制地形图，将地形地物按照规定图例及选定比例描绘在图纸上，必要时用文字或符号注明。

8. 绘制路线中心线时，应按先绘制直线，再绘制曲线。

【答案】错误

【解析】绘制路线中心线。路中心线按先曲线、后直线的顺序画出。

9. 单张图纸识读时，应遵循"总体了解、顺序识读、前后对照、重点细读"的方法。

【解析】成套施工设计图纸识图时,应遵循"总体了解、顺序识读、前后对照、重点细读"的方法。单张图纸识读时,应"由外向里、由大到小、由粗到细、图样与说明交替、有关图纸对照看"的方法。

10. 道路平面图识读要仔细阅读设计说明,确定图工程范围、设计标准和施工难度、重点。

【答案】正确

【解析】道路平面图识读:仔细阅读设计说明,确定图工程范围、设计标准和施工难度、重点。

11. 涵洞设计图包括涵洞工程数量表、涵洞设计布置图、涵洞结构设计图。

【答案】正确

【解析】小桥、涵洞设计图包括小桥工程数量表、小桥设计布置图、结构设计图、涵洞工程数量表、涵洞设计布置图、涵洞结构设计图。

12. 管道纵断面图包括开槽施工图和不开槽施工图。

【答案】正确

【解析】管道纵断面图包括开槽施工图和不开槽施工图。

13. 城市桥梁由下部结构、上部结构和附属结构组成。

【答案】错误

【解析】城市桥梁由基础、下部结构、上部结构、桥面系和附属结构等部分组成。

14. 桥台仅仅起到支承桥梁的作用。

【答案】错误

【解析】下部结构包括盖梁、桥(承)台和桥墩(柱)。下部结构的作用是支撑上部结构,并将结构重力和车辆荷载等传给地基;桥台还与路堤连接并抵御路堤土压力。

15. 平面图常用细实线按比例绘制桥梁的长和宽。

【答案】错误

【解析】平面图通常使用粗实线图示道路边线,用细点画线图示道路中心线。细实线图示桥梁图例和钻探孔位及编号,当选用大比例尺时,常用粗实线按比例绘制桥梁的长和宽。

二、单选题

1. 规划红线是道路的用地界线,常用(   )表示。
   A. 单实线   B. 双实线
   C. 点画线   D. 双点画线

【答案】D

【解析】规划红线是道路的用地界线,常用双点画线表示。

2. 下列不属于平面交叉口的组织形式的是(   )交通组织。
   A. 渠化   B. 环形
   C. 汇集   D. 自动化

【答案】C

【解析】平面交叉口组织形式分为渠化、环形和自动化交通组织等。

3. 行车路线往往在某些点位置处汇集，专业上称该点为（ ）。
A. 合流点 B. 冲突点
C. 分流点 D. 汇集点

【答案】A

【解析】在平面交叉口处不同方向的行车往往相互干扰影响，行车路线往往在某些点位置相交、分叉或是汇集，专业上将这些点成为冲突点、分流点和合流点。

4. 在下图中，"△"表示（ ）。
A. 冲突点 B. 分流点
C. 合流点 D. 以上答案均不是

【答案】B

【解析】在平面交叉口处不同方向的行车往往相互干扰影响，行车路线往往在某些点位置相交、分叉或是汇集，专业上将这些点成为冲突点、分流点和合流点。

5. 下列不属于桥梁附属结构的是（ ）。
A. 桥台 B. 桥头锥形护坡
C. 护岸 D. 导流结构物

【答案】A

【解析】附属结构包括防撞装置、排水装置和桥头锥形护坡、挡土墙、隔声屏照明灯柱、绿化植物等结构物。

6. 给水排水管平面图一般采用的比例是（ ）。
A. 1∶50～1∶100 B. 1∶100～1∶500
C. 1∶500～1∶2000 D. 1∶2000～1∶5000

【答案】C

【解析】给水排水管道（渠）平面图：一般采用比例尺寸1∶500～1∶2000。

7. 由于城市道路一般比较平坦，因此多采用大量的地形点来表示地形高程，其中（ ）表示测点。
A. ▼ B. ◆
C. ● D. ■

【答案】A

【解析】用"▼"图示测点，并在其右侧标注绝对高程数值。

8. 在道路纵断面图中，规定铅垂向的比例比水平向的比例放大（ ）倍。
A. 5 B. 10
C. 15 D. 20

【答案】B

【解析】由于现况地面线和设计线的高差比路线的长度小得多，图纸规定铅垂向的比例比水平相的比例放大10倍。

9. 下图中表达的是（ ）。
A. 防护网 B. 防护栏
C. 隔离墩 D. 自然土壤

【答案】B

【解析】上图表达的是防护栏。

10. 在常见城市桥梁工程图例中，属于涵洞的图例是（ ）。

A. ⟩-----⟨　　　B.

C. 　　　　　　D.

【答案】A

【解析】属于涵洞的图例是A。

11. 如下图（单位：厘米）所示，图中墩帽在横桥向的尺寸是（ ）cm。
A. 155　　　　　　B. 310
C. 590　　　　　　D. 900

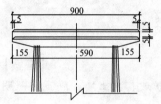

【答案】D

【解析】图中墩帽在横桥向的尺寸是900cm。

12. 在下图中，①号钢筋的根数是（ ）根。
A. 28　　　　　　B. 35
C. 45　　　　　　D. 200

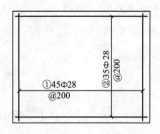

【答案】C

【解析】标注钢筋的根数、直径和等级。如3ϕ20，3：表示钢筋的根数；ϕ：表示钢筋等级，直径符号；20：表示钢筋直径。

13. 不同的材料制成的市政管道，其管径的表示方法也不同，下列属于球墨铸铁管、铸铁管等管材管径的表示方法的是（ ）。

A. 公称直径 DN B. 外径×壁厚
C. 内径 d D. 按产品标准的方法表示

【答案】A

【解析】管径以"mm"为单位。球墨铸铁管、钢管等管材，管径以公称直径 DN 表示（如 DN150、DN200）。

14. 下列不属于道路横断面图的绘制步骤与方法的是（　　）。
A. 绘制现况地面线、设计道路中线 B. 绘制路面线、路肩线、边坡线、护坡线
C. 根据设计要求，绘制市政管线 D. 绘制设计路面标高线

【答案】D

【解析】道路横断面图的绘制步骤与方法：1）绘制现况地面线、设计道路中线；2）绘制路面线、路肩线、边坡线、护坡线；3）根据设计要求，绘制市政管线。管线横断面应采用规范图例；4）当防护工程设施标注材料名称时，可不画材料符号，其断面剖面线可省略。

15. 在绘制桥梁立面图时，地面以下一定范围可用（　　）省略，以缩小竖向图的显示范围。
A. 折断线 B. 点画线
C. 细实线 D. 虚线

【答案】A

【解析】地面以下一定范围可用折断线省略，以缩小竖向图的显示范围。

16. 管网总平面布置图标注建、构筑物角坐标，通常标注其（　　）个角坐标。
A. 1 B. 2
C. 3 D. 4

【答案】C

【解析】标注建、构筑物角坐标。通常标注其3个角坐标，当建、构筑物与施工坐标轴线平行时，可标注其对角坐标。

17. 图纸识读时一般情况下不先看（　　）。
A. 设计图纸目录 B. 施工组织设计图
C. 总平面图 D. 施工总说明

【答案】B

【解析】一般情况下，应先看设计图纸目录、总平面图和施工总说明，以便把握整个工程项目的概况。

18. 道路横断面图的比例，视（　　）而定。
A. 排水横坡度 B. 各结构层的厚度
C. 路基范围及道路等级 D. 切缝深度

【答案】C

【解析】道路横断面图的比例，视路基范围及道路等级而定。

19. 跨水域桥梁的调治构筑物应结合（　　）仔细识读。
A. 平面、立面图 B. 平面、布置图
C. 平面、剖面图 D. 平面、桥位图

【答案】D

【解析】附属构筑物首先应据平面、立面图示,结合构筑物细部图进行识读,跨水域桥梁的调治构筑物也应结合平面图、桥位图仔细识读。

20. 市政管道纵断面图布局一般分上下两部分,上方为（　　）,下方（　　）。
    A. 纵断图,结构图
    B. 纵断图,平面图
    C. 结构图,列表
    D. 纵断图,列表

【答案】D

【解析】市政管道纵断面图布局一般分上下两部分,上方为纵断图,下方列表,标注管线井室的桩号、高程等信息。

三、多选题

1. 城镇道路工程施工图主要包括（　　）。
   A. 道路工程图
   B. 道路路面结构图
   C. 道路交叉工程图
   D. 灯光照明与绿化工程图
   E. 道路基础结构图

【答案】ABCD

【解析】城镇道路施工图主要包括道路工程图、道路路面结构图、道路交叉工程图、灯光照明与绿化工程图四类。

2. 道路横断面图是沿道路中心线垂直方向的断面图,其包括（　　）。
   A. 道路路面结构图
   B. 路线标准横断面图
   C. 竖向设计图
   D. 路基一般设计图
   E. 特殊路基设计图

【答案】BDE

【解析】道路横断面图是沿道路中心线垂直方向的断面图。横断图包括路线标准横断面图、路基一般设计图和特殊路基设计图。

3. 下列对于立体交叉口工程图的组成及作用说法正确的是（　　）。
   A. 立体交叉口工程图主要包括:平面设计图、立体交叉纵断面设计图、连接部位的设计图
   B. 平面设计图内容只包括立体交叉口的平面设计形式
   C. 平面设计图的作用是表示立体交叉的方式
   D. 立体交叉纵断面图作用是表达立体交叉的复杂情况,同时清晰明朗地表达道路横向与纵向的对应关系
   E. 连接部位的设计图包括连接位置图、连接部位大样图、分隔带断面图和标高数据图

【答案】ADE

【解析】立体交叉口工程图主要包括:平面设计图、立体交叉纵断面设计图、连接部位的设计图。平面设计图内容包括立体交叉口的平面设计形式、各组成部分的互相位置关系、地形地貌以及建设区域内的附属构筑物等。该图的作用是表示立体交叉的方式和交通组织的类型。立体交叉纵断面图作用是表达立体交叉的复杂情况,同时清晰明朗地表达道

路横向与纵向的对应关系。连接部位的设计图包括连接位置图、连接部位大样图、分隔带断面图和标高数据图。

4. 下列关于桥梁构件结构图说法错误的是（　　）。
A. 基础结构图主要表示出桩基形式，尺寸及配筋情况
B. 桥台结构图只能表达出桥台内部结构的形状、尺寸和材料
C. 主梁是桥梁的下部结构是桥体主要受力构件
D. 桥面系结构图的作用是表示桥面铺装的各层结构组成和位置关系
E. 承台结构图只能表达钢筋结构图表达桥台的配筋、混凝土及钢筋用量情况

【答案】BCE

【解析】基础结构图主要表示出桩基形式，尺寸及配筋情况。桥（承）台结构图表达出桥台内部结构的形状、尺寸和材料；同时通过钢筋结构图表达桥台的配筋、混凝土及钢筋用量情况。主梁是桥梁的上部结构，架设在墩台、盖梁之上，是桥体主要受力构件。桥面系结构图的作用是表示桥面铺装的各层结构组成和位置关系，桥面坡向，桥面排水、伸缩装置、栏杆、缘石及人行道等相互位置关系。

5. 桥梁工程图主要由（　　）等部分组成。
A. 桥位平面图　　　　　　　B. 桥位地质断面图
C. 各部位配筋图　　　　　　D. 桥梁总体布置图
E. 桥梁构件结构图

【答案】ABDE

【解析】桥梁工程图主要由桥位平面图、桥位地质断面图、桥梁总体布置图及桥梁构件结构图组成。

6. 下列说法中正确的是（　　）。
A. 地形图样中用箭头表示其方位　　B. 细点画线表示道路各条车道及分隔带
C. 地形情况一般用等高线或地形线表示　D. 3K+100，即距离道路起点3001m
E. YH为"缓圆"交点

【答案】AC

【解析】方位：为了表明该地形区域的方位及道路路线的走向，地形图样中用箭头表示其方位。线型：使用双点画线表示规划红线，细点画线表示道路中心线，以粗实线绘制道路各条车道及分隔带。地形地物：地形情况一般用等高线或地形线表示。可向垂直道路中心线方向引一直线，注写里程桩号，如2K+550，即距离道路起点2550m。图中曲线控制点ZH为曲线起点，HY为"缓圆"交点，QZ为"曲中"点，YH为"圆缓"交点，HZ为"缓直"交点。

7. 下列关于道路纵断面图的说法中错误的是（　　）。
A. 图样部分中，水平方向表示路线长度，垂直方向表示宽度
B. 图样中不规则的细折线表示道路路面中心线的设计高程
C. 图上常用比较规则的直线与曲线相间粗实线图示出设计线
D. 在设计线上标注沿线设置的水准点所在的里程
E. 在设计线的上方或下方标注其编号及与路线的相对位置

【答案】ACE

【解析】关于道路纵断面图，图样部分中，水平方向表示路线长度，垂直方向表示高程。图样中部规则的细折线表示沿道路设计中心线处的现况地面线。图上常用比较规则的直线与曲线相间粗实线图示出设计坡度，简称设计线，表示道路路面中心线的设计高程。在设计线的上方或下方，标注沿线设置的水准点所在的里程，并标注其编号及与路线的相对位置。

8. 下列说法中正确的是（　　）。
A. 在地质断面图上主要表示水文地质情况、地下水位、跨河段水位标高等内容
B. 纵向立面图和平面图的绘图比例不相同
C. 用立面图表示桥梁所在位置的现况道路断面
D. 平面图通常采用半平面图和半墩台桩柱平面图的图示方法
E. 剖面图通过剖面投影，表示出桥梁各部位的结构尺寸及控制点高程

【答案】AB

【解析】在地质断面图上主要表示桥基位置、深度和所处土层。纵向立面图和平面图的绘图比例相同，通常采用1:500～1:1000。用立面图表示桥梁所在位置的现况道路断面，并通过图例示意所在地层土质分层情况，标注各层的土质名称。平面图通常采用半平面图和半墩台桩柱平面图的图示方法。剖面图通过剖面投影，表示出桥梁各部位的结构尺寸及控制点高程。

9. 钢筋末端的标准弯钩可设置成（　　）。
A. 45° 　　　　　　　　B. 60°
C. 90° 　　　　　　　　D. 135°
E. 180°

【答案】CDE

【解析】钢筋末端的标准弯钩可分为90°、135°和180°三种。

10. 市政管道工程施工图包括（　　）。
A. 平面图 　　　　　　　B. 基础图
C. 横断面图 　　　　　　D. 关键节点大样图
E. 井室结构图

【答案】ACDE

【解析】市政管道工程施工图包括平面图、横断面图、关键节点大样图、井室结构图、附件安装图。

11. 下列不属于道路纵断面图的绘制步骤与方法的是（　　）。
A. 选定适当的比例，绘制表格及高程坐标，列出工程需要的各项内容
B. 绘制原地面标高线
C. 绘制地形图
D. 绘制路面线、路肩线、边坡线、护坡线
E. 绘制设计路面标高线

【答案】CD

【解析】1）选定适当的比例，绘制表格及高程坐标，列出工程需要的各项内容；2）绘制原地面标高线。根据测量结果，用细直线连接各桩号位置的原地面高程点；3）绘制

设计路面标高线。依据设计纵坡及各桩号位置的路面设计高程点,绘制出设计路面标高线;4)标注水准点位置、编号及高程。注明沿线构筑物的编号、类型等数据,竖曲线的图例等数据。5)同时注写图名、图标、比例及图纸编号。特别注意路线的起止桩号,以确保多张路线纵断面的衔接。

12. 下列关于桥梁侧剖面图的绘制步骤与方法的说法中,正确的是(　　)。
A. 侧剖面图是由两个不同位置剖面组合构成的图样,反映桥台及桥墩两个不同剖面位置
B. 用中实线绘制未上主梁及桥台未回填土情况下的桥台、盖梁平面图,并标注相关尺寸
C. 左半部分图样反映桥墩位置横剖面,右半部分反映桥台位置横剖面
D. 左半部分图示出桥台立面图样、尺寸构造等
E. 右半部分图示出桥墩及桩柱立面图样、尺寸构造

【答案】ADE

【解析】桥梁侧剖面图的绘制步骤与方法:1)侧剖面图是由两个不同位置剖面组合构成的图样,反映桥台及桥墩两个不同剖面位置。在立面图中标注剖切符号,以明确剖切位置。2)左半部分图样反应桥台位置横剖面,右半部分反映桥墩位置横剖面。3)放大绘制比例到1:100,以突出显示侧剖面的桥梁构造情况。4)绘制桥梁主梁布置,绘制桥面系铺装层构造、人行道和栏杆构造、桥面尺寸布置、横坡度、人行道和栏杆的高度尺寸、中线标高等。5)左半部分图示出桥台立面图样、尺寸构造等。6)右半部分图示出桥墩及桩柱立面图样、尺寸构造,桩柱位置、深度、间距及该剖切位置的主梁情况;并标注出桩柱中心线及各控制部位的高程。

13. 在绘制道路纵断面图时,以下哪些内容是需要列出的(　　)。
A. 曲线要素　　　　　　　　B. 地质情况
C. 现况地面标高　　　　　　D. 设计路面标高
E. 坡度与坡长

【答案】BCDE

【解析】1)选定适当的比例,绘制表格及高程坐标,列出工程需要的各项内容;2)绘制原地面标高线。根据测量结果,用细直线连接各桩号位置的原地面高程点;3)绘制设计路面标高线。依据设计纵坡及各桩号位置的路面设计高程点,绘制出设计路面标高线;4)标注水准点位置、编号及高程,注明沿线构筑物的编号、类型等数据,竖曲线的图例等数据;5)同时注写图名、图标、比例及图纸编号。特别注意路线的起止桩号,以确保多张路线纵断面的衔接。

14. 下列说法中正确的是(　　)。
A. 市政工程施工图设计总说明通常在施工图集的首页,主要用文字表述设计依据是否满足工程进度需求
B. 顺序识读目的在于对工程情况、施工部署和施工技术、施工工艺有清晰的认识,以便编制施工组织设计和确定施工方案
C. 在工程设计情况总体把握基础上,对有关专业施工图的重点部分仔细识读,确定衔接部位、细部结构做法及是否满足施工深度要求

D. 市政工程施工特点是专业交叉多，预留洞口、预埋管（线）件多
E. 对照校核时发现存在差异或表述不一致，要及时改正

【答案】ABCD

【解析】市政工程施工图设计总说明通常在施工图集的首页，主要用文字表述设计依据是否满足工程进度需求。顺序识读目的在于对工程情况、施工部署和施工技术、施工工艺有清晰的认识，以便编制施工组织设计和确定施工方案。在工程设计情况总体把握基础上，对有关专业施工图的重点部分仔细识读，特别结构预制与现浇、旧结构与新结构、主体结构与附属结构的衔接部位、节点细部构造，确定衔接部位、细部结构做法及是否满足施工深度要求。市政工程施工特点是专业交叉多，预留洞口、预埋管（线）件多。对照校核时发现存在差异或表述不一致，要及时向设计单位提出质疑，以便避免施工损失。

15. 下列属于识读单张图纸的方法是（　　）。
 A. 总体了解　　　　　　　　B. 前后对照
 C. 由外向里　　　　　　　　D. 由大到小
 E. 由粗到细

【答案】CDE

【解析】成套施工设计图纸识图时，应遵循"总体了解、顺序识读、前后对照、重点细读"的方法。单张图纸识读时，应"由外向里、由大到小、由粗到细、图样与说明交替、有关图纸对照看"的方法。

第四章　市政施工技术

一、判断题

1. 天然地基也需经过加固、改良等技术处理后满足使用要求。

【答案】错误

【解析】当地基强度和稳定性不能满足设计要求和规范规定时，为保证建（构）筑物的正常使用，需对地基进行必要的处理；经过加固、改良等技术处理后满足使用要求的称为人工地基，不加处理就可以满足使用要求的原状土层则称为天然地基。

2. 预压法适用于软土地基。

【答案】正确

【解析】预压法适用于淤泥质土、淤泥、冲填土、素填土等软土地基。

3. 强夯法适用于处理黏性土。

【答案】正确

【解析】强夯法适用于处理砂土、素填土、杂填土、粉性土和黏性土。

4. 碎（砂）石桩法桩体材料可用碎石、卵石、角砾、圆砾、粗砂、中砂或石屑等硬质材料，含泥量不得大于10%。

【答案】错误

【解析】桩体材料可用碎石、卵石、角砾、圆砾、粗砂、中砂或石屑等硬质材料，含泥量不得大于5%。

5. 深层搅拌法适用于处理无流动地下水的饱和松散砂土等地基。

【答案】正确

【解析】深层搅拌法适用于处理正常固结的淤泥与淤泥质土、粉土、素填土、黏性土以及无流动地下水的饱和松散砂土等地基。

6. 水泥粉煤灰碎石桩适用于处理无流动地下水的饱和松散砂土等地基。

【答案】错误

【解析】水泥粉煤灰碎石桩适用于处理软弱黏性土、粉土、砂土和固结的素填土地基。

7. 明沟排水适合黏质土、砂土。

【答案】正确

【解析】见表4-1。

8. 基坑开挖完成，原装地基土不得扰动、受水浸泡或受冻。

【答案】正确

【解析】基坑开挖完成，原装地基土不得扰动、受水浸泡或受冻。

9. 预制沉入桩打桩顺序在密集群桩由一端向另一端打。

【答案】错误

【解析】打桩顺序：群桩施工时，桩会把土挤紧或使土上拱。因此应由一端向另一端打，先深后浅，先坡后坡脚；密集群桩由中心向四边打；靠近建筑的桩先打，然后往外打。

10. 泥浆护壁通常采用塑性指数大于30的高塑性黏土。

【答案】错误

降水方法与适用条件一览表　　　　　　　　表4-1

降水方法		适合地层	渗透系数（m/d）	降水深度（m）
	明沟排水	黏质土、砂土	<0.5	<2
降水	真空井点	粉质土、砂土	0.1~20.0	单级<6　多级<20
	喷射井点	粉质土、砂土	0.1~20.0	<6
	引渗井	黏质土、砂土	0.1~20.0	由下伏含水层的埋藏和水头条件确定
	管井	砂土、碎石土	1.0~200.0	<20
	辐射井	黏质土、砂土、砾砂	0.1~20.0	<20

【解析】泥浆护壁通常采用塑性指数大于25、粒径小于0.005mm的黏土颗粒含量大于50%的黏土（即高塑性黏土）或膨润土。

11. 对软石和强风化岩石一般采用人工开挖。

【答案】错误

【解析】对软石和强风化岩石一般采用机械开挖；凡不能使用机械或人工开挖，可采用爆破法开挖。

12. 砂石垫层施工时应分层找平，夯压密实，并应采用纯砂试样，用灌砂法取样测密实度；测定干砂的质量密度。

【答案】正确

【解析】砂石垫层施工时应分层找平，夯压密实，并应采用纯砂试样，用灌砂法取样测密实度；测定干砂的质量密度。

13. 水泥稳定土适用于高级沥青路面的基层，只能用于底基层。

【答案】正确

【解析】水泥稳定土适用于高级沥青路面的基层，只能用于底基层。

14. 热拌沥青混合料（HMA）适用于各种等级道路的沥青路面，通常分为普通沥青混合料和改性沥青混合料。

【答案】正确

【解析】热拌沥青混合料（HMA）适用于各种等级道路的沥青路面，其种类按集料公称最大粒径、矿料级配、孔隙率划分，通常分为普通沥青混合料和改性沥青混合料。

15. 在地基或基土上浇筑混凝土时，应清除淤泥和杂物，并应有排水和防水措施。

【答案】正确

【解析】浇筑前应对承台（基础）混凝土顶面做凿毛处理，并清除模板内的垃圾、杂物。

16. 板式橡胶支座安装在找平层砂浆硬化前进行；粘结时，宜先粘结桥台和墩柱盖梁中端的支座，经复核平整度和高程无误后，挂基准小线进行其他支座的安装。

【答案】错误

【解析】板式橡胶支座安装在找平层砂浆硬化后进行；粘结时，宜先粘结桥台和墩柱盖梁两端的支座，经复核平整度和高程无误后，挂基准小线进行其他支座的安装。

17. 为了保证支架的稳定，支架不得与施工脚手架和便桥相连。

【答案】正确

【解析】为了保证支架的稳定，支架不得与施工脚手架和便桥相连。

18. 模板由底模、侧模两个部分组成，一般预先分别制作成组件，在使用时再进行拼装。

【答案】错误

【解析】模板由底模、侧模及内模三个部分组成，一般预先分别制作成组件，在使用时再进行拼装。

19. 联合槽适用于两条或两条以上的管道埋设在同一沟槽内。

【答案】正确

【解析】联合槽适用于两条或两条以上的管道埋设在同一沟槽内。

20. 在开挖地下水水位以下的土方前应先修建集水井。

【答案】正确

【解析】在开挖地下水水位以下的土方前应先修建集水井。

21. 高密度聚乙烯（HDPE）管道砂垫层铺设，基础垫层厚度，应不小于设计要求，即管径315mm以下为150mm，管径600mm以下为100mm。

【答案】错误

【解析】高密度聚乙烯（HDPE）管道砂垫层铺设：管道基础，应按设计要求铺设，基础垫层厚度，应不小于设计要求，即管径315mm以下为100mm，管径600mm以下为150mm。

22. 球墨铸铁管按接口方式分为：T形推入式接口球墨铸铁管和机械式球墨铸铁管。

【答案】正确

【解析】球墨铸铁管按接口方式分为：滑入式（又称T形推入式）接口球墨铸铁管和机械式球墨铸铁管。

23. 一般情况下注浆材料中改性水玻璃浆适用于卵石地层。

【答案】错误

【解析】一般情况下注浆材料中改性水玻璃浆适用于砂类土。

24. 喷射混凝土应紧跟开挖工作面，应分段、分片、分层，由下而上顺序进行，当岩面有较大凹洼时，应先填平。

【答案】正确

【解析】喷射混凝土应紧跟开挖工作面，应分段、分片、分层，由下而上顺序进行，当岩面有较大凹洼时，应先填平。

25. 测度池内气压值的初读数与末读数之间的间隔时间应不少于24h。

【答案】正确

【解析】测度池内气压值的初读数与末读数之间的间隔时间应不少于24h。

26. 理论上，土壤颗粒越粗，防渗性能越好。

【答案】错误

【解析】理论上，土壤颗粒越细，含水量适当，密实度高，防渗性能越好。

27. 花坛植物材料宜由一、二年生或多年生草本、球宿根花卉及低矮色叶花植物灌木组成。

【答案】正确

【解析】花坛植物材料宜由一、二年生或多年生草本、球宿根花卉及低矮色叶花植物灌木组成。

二、单选题

1. 为避免基底扰动，应保留（　　）mm厚土层不挖，人工清理。
   A. 50~150　　　　　　　　　　B. 100~200
   C. 150~250　　　　　　　　　D. 200~300

【答案】B

【解析】开挖接近预定高程时保留100~200mm厚土层不挖，在换填开始前人工清理至设计标高，避免基底扰动。

2. 对地基进行预先加载，使地基土加速固结的地基处理方法是（　　）。
   A. 堆载预压　　　　　　　　　B. 真空预压
   C. 软土预压　　　　　　　　　D. 真空—堆载联合预压

【答案】A

【解析】堆载预压是对地基进行预先加载，使地基土加速固结的地基处理方法。

3. 塑料排水带应反复对折（　　）次不断裂才认为合格。
   A. 2　　　　　　　　　　　　　B. 3
   C. 5　　　　　　　　　　　　　D. 10

【答案】C

【解析】塑料排水带应反复对折5次不断裂才认为合格。

4. 真空预压的施工顺序一般为（　　）。
   A. 设置竖向排水体→铺设排水垫层→埋设滤管→开挖边沟→铺膜、填沟、安装射流泵等→试抽→抽真空、预压
   B. 铺设排水垫层→设置竖向排水体→开挖边沟→埋设滤管→铺膜、填沟、安装射流泵等→试抽→抽真空、预压
   C. 铺设排水垫层→设置竖向排水体→埋设滤管→开挖边沟→铺膜、填沟、安装射流泵等→试抽→抽真空、预压
   D. 铺设排水垫层→设置竖向排水体→埋设滤管→开挖边沟→试抽→铺膜、填沟、安装射流泵等→抽真空、预压

【答案】C

【解析】真空预压的施工顺序一般为：铺设排水垫层→设置竖向排水体→埋设滤管→开挖边沟→铺膜、填沟、安装射流泵等→试抽→抽真空、预压。

5. 对于饱和夹砂的黏性土地层，可采用（　　）。
   A. 强夯置换法　　　　　　　　B. 真空预压法
   C. 降水联合低能级强夯法　　　D. 换填法

【答案】C

【解析】对于饱和夹砂的黏性土地层，可采用降水联合低能级强夯法。

6. 高压喷射注浆法施工工序为（　　）。
   A. 机具就位→置入喷射管→钻孔→喷射注浆→拔管→冲洗
   B. 机具就位→钻孔→拔管→置入喷射管→喷射注浆→冲洗
   C. 机具就位→钻孔→置入喷射管→喷射注浆→拔管→冲洗
   D. 钻孔→机具就位→置入喷射管→喷射注浆→拔管→冲洗

【答案】C

【解析】高压喷射注浆法施工工序为：机具就位→钻孔→置入喷射管→喷射注浆→拔管→冲洗等。

7. 深层搅拌法固化剂的主剂是（　　）。
   A. 混凝土　　　　　　　　　B. 减水剂
   C. 水泥浆　　　　　　　　　D. 粉煤灰

【答案】C

【解析】深层搅拌法是以水泥浆作为固化剂的主剂。

8. 水泥粉煤灰碎石桩的施工工艺流程为（　　）。
   A. 桩位测量→桩机就位→钻进成孔→混凝土浇筑→移机→检测→褥垫层施工
   B. 桩机就位→桩位测量→钻进成孔→混凝土浇筑→移机→检测→褥垫层施工
   C. 桩位测量→桩机就位→钻进成孔→移机→混凝土浇筑→检测→褥垫层施工
   D. 桩机就位→桩位测量→钻进成孔→移机→混凝土浇筑→检测→褥垫层施工

【答案】A

【解析】水泥粉煤灰碎石桩的一般施工工艺流程为：桩位测量→桩机就位→钻进成孔→混凝土浇筑→移机→检测→褥垫层施工。

9. 浆砌块石基础石料一般以（　　）为宜。
   A. 石灰岩　　　　　　　　　B. 花岗岩
   C. 页岩　　　　　　　　　　D. 玄武岩

【答案】B

【解析】浆砌块石基础石料应质地均匀、不风化、无裂痕，具有一定的抗冻性能，强度不低于设计要求，一般以花岗岩为宜。

10. 坚硬的高液限黏土无支护垂直坑壁基坑容许深度为（　　）m。
    A. 1.00　　　　　　　　　　B. 1.25
    C. 1.50　　　　　　　　　　D. 2.00

【答案】D

【解析】见表4-2。

无支护垂直坑壁基坑容许深度　　　　表4-2

土的类别	容许深度（m）	土的类别	容许深度（m）
密实、中密的砂类土和砾类土（充填物为砂类土）	1.00	硬塑、软塑的高液限黏土、高液限黏质土夹砂砾土	1.50

续表

土的类别	容许深度（m）	土的类别	容许深度（m）
硬塑、软塑的低液限粉土、低液限黏土	1.25	坚硬的高液限黏土	2.00

11. 土钉支护基坑的施工工艺流程为（   ）。
A. 开挖工作面→铺设固定钢筋网→土钉施工→喷射混凝土面层
B. 土钉施工→开挖工作面→铺设固定钢筋网→喷射混凝土面层
C. 铺设固定钢筋网→开挖工作面→土钉施工→喷射混凝土面层
D. 开挖工作面→土钉施工→铺设固定钢筋网→喷射混凝土面层

【答案】D

【解析】土钉支护基坑的施工工艺流程：开挖工作面→土钉施工→铺设固定钢筋网→喷射混凝土面层。

12. 一根20m的预制桩吊点数目应为（   ）。
A. 一点起吊　　　　　　　　B. 二点起吊
C. 三点起吊　　　　　　　　D. 四点起吊

【答案】B

【解析】预制钢筋混凝土桩在起吊时，吊点应符合设计要求，设计若无要求时，则应符合表4-3规定。

预制桩吊点示意位置　　　　　　　　　　　　　　　表4-3

序号	适用桩长（m）	吊点数目	图示
1	5~6	一点起吊	l，$0.293l$
2	16~25	二点起吊	$0.207l$，l，$0.207l$
3	>25	三点起吊 四点起吊	$0.153l$，$0.347l$，$0.347l$，$0.153l$；$0.104l$，$0.292l$，$0.208l$，$0.292l$，$0.104l$

13. 护筒埋设方法适于旱地或水中的是（   ）。
A. 下埋式　　　　　　　　B. 上埋式

C. 下沉式　　　　　　　　　　D. 上浮式

【答案】B

【解析】护筒埋设方法：按现场条件采用下埋式、上埋式和下沉式等埋设方法。下埋式适于旱地，上埋式适于旱地或水中，下沉式适于深水中作业。

14. 下列不属于现浇混凝土护壁的是（　　）。
A. 等厚度护壁　　　　　　　　B. 不等厚度护壁
C. 外齿式护壁　　　　　　　　D. 内齿式护壁

【答案】B

【解析】护壁有多种形式，常用的是现浇混凝土护壁：1）等厚护壁、2）外齿式护壁、3）内齿式护壁。

15. 路堤填方施工工艺流程为（　　）。
A. 现场清理、填前碾压→碾压→填筑→质量检验
B. 现场清理、填前碾压→填筑→碾压→质量检验
C. 现场清理、填前碾压→碾压→质量检验→填筑
D. 现场清理、填前碾压→质量检验→填筑→碾压

【答案】B

【解析】现场清理、填前碾压→填筑→碾压→质量检验。

16. 一般机械挖路堑施工工艺流程为（　　）。
A. 边坡施工→路床碾压→路堑开挖→质量检验
B. 路堑开挖→路床碾压→边坡施工→质量检验
C. 路堑开挖→边坡施工→路床碾压→质量检验
D. 边坡施工→路堑开挖→路床碾压→质量检验

【答案】C

【解析】一般机械挖路堑施工工艺流程为：路堑开挖→边坡施工→路床碾压→质量检验。

17. 石灰粉煤灰稳定砂砾施工工艺流程为（　　）。
A. 拌合、运输→摊铺与整形→碾压成型→养护
B. 摊铺与整形→养护→拌合、运输→碾压成型
C. 拌合、运输→碾压成型→摊铺与整形→养护
D. 摊铺与整形→拌合、运输→碾压成型→养护

【答案】A

【解析】石灰粉煤灰稳定砂砾施工工艺流程为：拌合、运输→摊铺与整形→碾压成型→养护。

18. 级配砂砾基层施工工艺流程为（　　）。
A. 拌合→运输→摊铺→碾压→养护　　B. 运输→拌合→碾压→摊铺→养护
C. 拌合→运输→碾压→摊铺→养护　　D. 运输→拌合→摊铺→碾压→养护

【答案】A

【解析】级配砂砾（碎石、碎砾石）基层施工工艺流程为：拌合→运输→摊铺→碾压→养护。

19. 沥青混合料面层基本施工工艺流程为（   ）。
    A. 洒布车撒布→洒布石屑→人工补撒→养护
    B. 洒布车撒布→养护→人工补撒→洒布石屑
    C. 洒布车撒布→洒布石屑→养护→人工补撒
    D. 洒布车撒布→人工补撒→洒布石屑→养护

【答案】D

【解析】沥青混合料面层基本施工工艺流程为：洒布车撒布→人工补撒→洒布石屑→养护。

20. 水深在3m以内，流速小于1.5m/s，河床土渗水性较小时，可筑（   ）。
    A. 间隔有桩围堰   B. 钢板桩围堰
    C. 土袋围堰   D. 套箱围堰

【答案】C

【解析】水深在3m以内，流速小于1.5m/s，河床土渗水性较小时，可筑土袋围堰。

21. 适用于地基承载力较低、台身较高、跨径较大的梁桥，应采用（   ）。
    A. 埋置式桥台   B. 轻型桥台
    C. 薄壁轻型桥台   D. 支撑梁型桥台

【答案】A

【解析】埋置式桥台是一种在横桥向呈框架式结构的桩基础轻型桥台，埋置土中，所承受的土压力较小，适用于地基承载力较低、台身较高、跨径较大的梁桥。

22. 板式橡胶支座一般工艺流程主要包括（   ）。
    A. 支座垫石凿毛清理、测量放线、找平修补、环氧砂浆拌制、支座安装等
    B. 测量放线、支座垫石凿毛清理、环氧砂浆拌制、找平修补、支座安装等
    C. 支座垫石凿毛清理、测量放线、环氧砂浆拌制、找平修补、支座安装等
    D. 测量放线、支座垫石凿毛清理、找平修补、环氧砂浆拌制、支座安装等

【答案】A

【解析】板式橡胶支座一般工艺流程主要包括：支座垫石凿毛清理、测量放线、找平修补、环氧砂浆拌制、支座安装等。

23. 验算模板、支架和拱架的抗倾覆稳定时，各施工阶段的稳定系数均不得小于（   ）。
    A. 1.0   B. 1.2
    C. 1.3   D. 1.5

【答案】C

【解析】验算模板、支架和拱架的抗倾覆稳定时，各施工阶段的稳定系数均不得小于1.3。

24. 混凝土浇筑时一般采用分层或斜层浇筑，浇筑顺序为（   ）。
    A. 先腹板、后底板、再顶板   B. 先腹板、后顶板、再底板
    C. 先底板、后顶板、再腹板   D. 先底板、后腹板、再顶板

【答案】D

【解析】混凝土浇筑时一般采用分层或斜层浇筑，先底板、后腹板、再顶板，底板浇

筑时要注意角部位必须密实。

25. 非承重侧模板在混凝土强度能保证拆模时不损坏表面及棱角,一般以混凝土强度达到（　　）MPa为准。
A. 1.5　　　　　　　　　　　B. 2
C. 2.5　　　　　　　　　　　D. 3

【答案】C

【解析】非承重侧模板在混凝土强度能保证其表面及楞角不致因拆模受损害时方可拆除,一般以混凝土强度达到2.5MPa方可拆除侧模。

26. 移动模架施工工艺流程为（　　）。
A. 移动模架组装→移动模架预压→预压结果评价→模板调整→绑扎钢筋→浇筑混凝土→预应力张拉、压浆→移动模板架过孔
B. 移动模架组装→模板调整→绑扎钢筋→移动模架预压→预压结果评价→浇筑混凝土→预应力张拉、压浆→移动模板架过孔
C. 移动模架组装→绑扎钢筋→移动模架预压→预压结果评价→模板调整→浇筑混凝土→预应力张拉、压浆→移动模板架过孔
D. 移动模架组装→模板调整→移动模架预压→预压结果评价→绑扎钢筋→浇筑混凝土→预应力张拉、压浆→移动模板架过孔

【答案】A

【解析】移动模架施工工艺流程为：移动模架组装→移动模架预压→预压结果评价→模板调整→绑扎钢筋→浇筑混凝土→预应力张拉、压浆→移动模板架过孔。

27. 桥面伸缩缝施工工艺流程为（　　）。
A. 进场验收→测量放线→切缝→预留槽施工→清槽→安装就位→焊接固定→浇筑混凝土→养护
B. 进场验收→测量放线→切缝→预留槽施工→清槽→焊接固定→安装就位→浇筑混凝土→养护
C. 进场验收→预留槽施工→测量放线→切缝→清槽→焊接固定→安装就位→浇筑混凝土→养护
D. 进场验收→预留槽施工→测量放线→切缝→清槽→安装就位→焊接固定→浇筑混凝土→养护

【答案】D

【解析】桥面伸缩缝施工工艺流程为：进场验收→预留槽施工→测量放线→切缝→清槽→安装就位→焊接固定→浇筑混凝土→养护。

28. 排水沟断面尺寸一般为（　　）。
A. 10cm×10cm　　　　　　　B. 30cm×30cm
C. 50m×50cm　　　　　　　D. 100cm×100cm

【答案】B

【解析】排水沟断面尺寸一般为30cm×30cm,深度不小于30cm,坡度为3%~5%。

29. 根据接口的弹性,不属于管道接口形式的是（　　）。
A. 柔性　　　　　　　　　　B. 刚性

C. 半刚半柔性 D. 弹性

【答案】D

【解析】根据接口的弹性,一般将接口分为柔性、刚性和半刚半柔性三种形式。

30. 直埋管道接头的一级管网的现场安装的接头密封应进行（　　）的气密性检验。
A. 20% B. 50%
C. 80% D. 100%

【答案】D

【解析】直埋管道接头的密封应符合：一级管网的现场安装的接头密封应进行100%的气密性检验。

31. 下列属于聚乙烯给水管道连接方式的是（　　）。
A. 法兰 B. 承插口
C. 螺纹 D. 焊接

【答案】A

【解析】聚乙烯给水管道应用法兰、熔接连接方式。

32. 机械式接口球墨铸铁管施工工艺流程为（　　）。
A. 清理插口、压兰和橡胶圈定位→下管→清理承口→对口→刷润滑剂→临时紧固→螺栓全方位紧固→检查螺栓扭矩
B. 下管→清理插口、压兰和橡胶圈定位→清理承口→对口→刷润滑剂→临时紧固→螺栓全方位紧固→检查螺栓扭矩
C. 清理插口、压兰和橡胶圈定位→下管→清理承口→刷润滑剂→对口→临时紧固→螺栓全方位紧固→检查螺栓扭矩
D. 下管→清理插口、压兰和橡胶圈定位→清理承口→刷润滑剂→对口→临时紧固→螺栓全方位紧固→检查螺栓扭矩

【答案】D

【解析】机械式接口球墨铸铁管施工工艺流程为：下管→清理插口、压兰和橡胶圈定位→清理承口→刷润滑剂→对口→临时紧固→螺栓全方位紧固→检查螺栓扭矩。

33. 水文气象不稳定、沉管距离较长、水流速度相对较大时,可采用（　　）。
A. 水面浮运法 B. 铺管船法
C. 底拖法 D. 浮运发

【答案】B

【解析】水文气象不稳定、沉管距离较长、水流速度相对较大时,可采用铺管船法。

34. 盖挖逆作法的施工顺序（　　）。
A. 构筑围护结构之地下连续墙和结构中间桩柱→回填顶板以上土方→开挖施工结构顶板→往上施工地上建筑
B. 开挖施工结构顶板→回填顶板以上土方→构筑围护结构之地下连续墙和结构中间桩柱→往上施工地上建筑
C. 构筑围护结构之地下连续墙和结构中间桩柱→开挖施工结构顶板→回填顶板以上土方→往上施工地上建筑
D. 开挖施工结构顶板→构筑围护结构之地下连续墙和结构中间桩柱→回填顶板以上

土方→往上施工地上建筑

【答案】C

【解析】盖挖逆作法施工顺序：构筑围护结构之地下连续墙和结构中间桩柱→开挖施工结构顶板→回填顶板以上土方→往上施工地上建筑。

35. 双侧壁导坑法施工顺序是（　　）。
    A. 开挖上部核心土→开挖下台阶→施作内层衬砌→开挖一侧导坑→开挖另一侧导坑→拆除导坑临空部分的支护
    B. 开挖一侧导坑→开挖另一侧导坑→施作内层衬砌→开挖上部核心土→开挖下台阶→拆除导坑临空部分的支护
    C. 开挖上部核心土→开挖下台阶→开挖一侧导坑→开挖另一侧导坑→拆除导坑临空部分的支护→施作内层衬砌
    D. 开挖一侧导坑→开挖另一侧导坑→开挖上部核心土→开挖下台阶→拆除导坑临空部分的支护→施作内层衬砌

【答案】D

【解析】双侧壁导坑法施工顺序：开挖一侧导坑→开挖另一侧导坑→开挖上部核心土→开挖下台阶→拆除导坑临空部分的支护→施作内层衬砌。

36. 适用于胶结松散的砾、卵石层的下沉方法的有（　　）。
    A. 抓斗挖土法　　　　　　B. 辅助下沉法
    C. 水枪冲土法　　　　　　D. 人工或风动工具挖土法

【答案】A

【解析】下沉方法的优、缺点见表4-4。

下沉方法的优、缺点　　　　　　　　　　　　表4-4

下沉方法		适用条件	优　点	缺　点
不排水下沉	抓斗挖土法	流硫层、黏土质砂土、砂质黏土层及胶结松散的砾、卵石层	设备简单、耗电量小、将下沉与排渣两道工序合一、系统简化、能抓取大块卵石	随着沉井深度的加大，效率逐渐降低；不能抓取硬土层和刃脚斜面下土层；双绳抓斗缠绳不易处理，应使用单绳抓斗
	水枪冲土法	流沙层、黏土质砂土	设备简单、在流硫层及黏土层下沉效果较高	耗电量大；沉井较深时，不易控制水枪在工作面的准确部位，破硬土效率较低
排水下沉	人工或风动工具挖土法	涌水量不超过30m³/h时，流硫层厚度不超过1.0m左右	设备简单；电耗较小；成本低；破土均匀	体力劳动强度大；壁后泥浆和砂有流入井筒的危险

37. 采用HDPE膜防渗技术的核心是（　　）。
    A. HDPE膜的进货质量　　　　B. HDPE膜的机具
    C. HDPE膜的施工季节合理性　　D. HDPE膜的施工质量

【答案】D

【解析】采用HDPE膜防渗技术的核心是HDPE膜的施工质量。

38. 预制构件应按设计位置起吊，曲梁宜采用（ ）。
A. 一点吊装 B. 两点吊装
C. 三点吊装 D. 多点吊装

【答案】C

【解析】预制构件应按设计位置起吊，曲梁宜采用三点吊装。

39. 构筑物满水试验程序为（ ）。
A. 实验准备→水池注水→水池内水位观测→蒸发量测定→有关资料整理
B. 有关资料整理→实验准备→水池注水→水池内水位观测→蒸发量测定
C. 实验准备→水池注水→蒸发量测定→水池内水位观测→有关资料整理
D. 有关资料整理→实验准备→水池注水→蒸发量测定→水池内水位观测

【答案】A

【解析】构筑物满水试验程序：实验准备→水池注水→水池内水位观测→蒸发量测定→有关资料整理。

40. 花境布置形式以（ ）为主。
A. 组丛状 B. 带状自然式
C. 带状组团式 D. 点状自然式

【答案】B

【解析】花境布置形式以带状自然式为主。

三、多选题

1. 下列堆载预压法施工要点说法正确的是（ ）。
A. 袋装砂井和塑料排水带施工所用钢管内径略小于两者尺寸
B. 砂袋或塑料排水带应高出砂垫层不少于80mm
C. 预压区中心部位的砂垫层底标高应低于周边的砂垫层底标高，以利于排水
D. 堆载预压施工，应根据设计要求分级逐渐加载
E. 竖向变形量每天不宜超过10~15mm，水平位移连每天不宜超过4~7mm

【答案】DE

【解析】袋装砂井和塑料排水带施工所用钢管内径略大于两者尺寸。砂袋或塑料排水带应高出砂垫层不少于100mm。预压区中心部位的砂垫层底标高应高于周边的砂垫层底标高，以利于排水。堆载预压施工，应根据设计要求分级逐渐加载，在加载过程中应每天进行竖向变形量、水平位移及孔隙水压力等项目的检测，且根据监测资料控制加载速率。竖向变形量每天不宜超过10~15mm，水平位移连每天不宜超过4~7mm。

2. 下列换填法施工要点正确的是（ ）。
A. 不得直接使用泥炭、淤泥、淤泥质土和有机质土进行换填
B. 分段施工时，不得在基础、墙角下接缝
C. 高炉干渣垫层大面积施工宜采用平碾、振动碾或羊足碾分层碾压，每层松铺厚度宜不大于350mm
D. 压实度一般采用环刀法、灌砂法等方法检验
E. 对砂石、高炉干渣等的压实度试验一般采用环刀法、灌砂法

【答案】ABD

【解析】不得直接使用泥炭、淤泥、淤泥质土和有机质土进行换填，土中易溶盐不得超过允许值，不得使用液限大于50%、塑性指数大于26的细粒土。分段施工时，不得在基础、墙角下接缝。高炉干渣垫层大面积施工宜采用压路机、振动压路机分层碾压，每层松铺厚度宜不大于350mm。压实度一般采用环刀法、灌砂法等方法检验。对砂石、高炉干渣等的压实度试验一般采用灌砂法。

3. 下列关于高压喷射注浆法的各项中，正确的是（　　）。
A. 施工前进行试桩，确定施工工艺和技术参数，作为施工控制依据，试桩数量不应少于2根
B. 水泥浆液的水胶比按要求确定，可取0.3~1.5，常用为1.0
C. 注浆管分段提升的搭接长度一般大于50mm
D. 钻机与高压泵的距离不宜大于50m
E. 高压喷射注浆完毕，可在原孔位采用冒浆回灌或第二次注浆等措施

【答案】ADE

【解析】施工前进行试桩，确定施工工艺和技术参数，作为施工控制依据。试桩数量不应少于2根。水泥浆液的水胶比按要求确定，可取0.8~1.5，常用为1.0。钻机与高压泵的距离不宜大于50m。注浆管分段提升的搭接长度一般大于100mm。高压喷射注浆完毕，可在原孔位采用冒浆回灌或第二次注浆等措施。

4. 下列关于深层搅拌法的说法中，表述正确的是（　　）。
A. 固化剂宜选用强度等级为42.5级及以上的水泥
B. 单、双轴深层搅拌桩水泥掺量可取13%~15%
C. 三轴深层搅拌桩水泥掺量可取18%~20%
D. 水泥浆水胶比应保证施工时的可喷性，宜取0.45~0.70
E. 施工流程为：搅拌机械就位→预搅下沉→搅拌提升→关闭搅拌机械

【答案】ABD

【解析】固化剂宜选用强度等级为42.5级及以上的水泥。单、双轴深层搅拌桩水泥掺量可取13%~15%，三轴深层搅拌桩水泥掺量可取20%~22%。水泥浆水胶比应保证施工时的可喷性，宜取0.45~0.70。施工流程为：搅拌机械就位→预搅下沉→搅拌提升→重复搅拌下沉→搅拌提升→关闭搅拌机械。

5. 下列关于说法中，表述正确的是（　　）。
A. 挖土机沿挖方边缘移动时，机械距离边坡上缘的宽度不得小于沟槽或管沟的深度
B. 深度大于1.5m时，根据土质变化情况，应做好沟槽的支撑准备，以防塌陷
C. 在开挖槽边弃土时，应保证边坡和直立帮的稳定
D. 暴露的溶洞，应用浆砌片石或混凝土填满堵满
E. 淤泥、淤泥质土和垃圾土按要求进行挖除，清理干净，回填砂砾材料或碎石，分层整平夯实到基底标高

【答案】BCDE

【解析】挖土机沿挖方边缘移动时，机械距离边坡上缘的宽度不得小于沟槽或管沟深度的1/2。深度大于1.5m时，根据土质变化情况，应做好沟槽的支撑准备，以防塌陷。

在开挖槽边弃土时,应保证边坡和直立帮的稳定。溶洞:暴露的溶洞,应用浆砌片石或混凝土填满堵满。淤泥、淤泥质土和垃圾土:淤泥、淤泥质土一般位于河道、池塘,垃圾填土一般位于垃圾坑。对于此类土,一般按要求进行挖除,清理干净,回填砂砾材料或碎石,分层整平夯实到基底标高。

6. 下列关于土钉支护基坑施工的说法中,表述正确的是(　　)。
A. 一般采用施工机械,根据分层厚度和作业顺序开挖,一般每层开挖深度控制在100~150cm
B. 土钉全长设施金属或塑料定位支架,间距5m,保证钢筋处于钻孔的中心部位
C. 喷射混凝土粗骨料最大粒径不宜大于12mm,水胶比不宜大于0.45,并掺加速凝剂
D. 喷射混凝土终凝后2h,应根据当地条件采取连续喷水养护5~7d或喷涂养护剂
E. 冬期进行喷射混凝土,作业温度不得低于0℃,混合料进入喷射机的温度和水温不得低于0℃;在结冰的面层上不得喷射混凝土

【答案】ACD

【解析】一般采用施工机械,根据分层厚度和作业顺序开挖,一般每层开挖深度控制在100~150cm。土钉全长设施金属或塑料定位支架,间距2~3m,保证钢筋处于钻孔的中心部位。喷射混凝土粗骨料最大粒径不宜大于12mm,水胶比不宜大于0.45,并掺加速凝剂。喷射混凝土终凝后2h,应根据当地条件采取连续喷水养护5~7d或喷涂养护剂。冬期进行喷射混凝土,作业温度不得低于+5℃,混合料进入喷射机的温度和水温不得低于+5℃;在结冰的面层上不得喷射混凝土。

7. 路堑土质路基开挖中纵挖法分为(　　)。
A. 分层纵挖法　　　　　　B. 通道纵挖法
C. 混合式开挖法　　　　　D. 分段纵挖法
E. 整体纵挖法

【答案】ABCD

【解析】路堑土质路基开挖中纵挖法:分为分层纵挖法、通道纵挖法、混合式开挖法和分段纵挖法。

8. 下列关于砂石铺筑垫层施工说法错误的是(　　)。
A. 砂石铺筑分层、分段进行,每层厚度,一般为15~20cm,最大不超过50cm
B. 分段施工时,接搓处应做成斜坡,每层接搓处的水平距离应错开0.5~1.0m,并应充分压(夯)实
C. 采用压路机往复碾压,一般碾压不少于2遍,其轮距搭接不少于50cm
D. 边缘和转角处应用人工或蛙式打夯机补夯密实
E. 石灰稳定粒料类垫层与水泥稳定粒料类垫层都适用于城市道路温度和湿度状况不良的环境下

【答案】AC

【解析】砂石铺筑分层、分段进行。每层厚度,一般为15~20cm,最大不超过30cm。分段施工时,接搓处应做成斜坡,每层接搓处的水平距离应错开0.5~1.0m,并应充分压(夯)实。采用压路机往复碾压,一般碾压不少于4遍,其轮距搭接不少于50cm。边缘和转角处应用人工或蛙式打夯机补夯密实。石灰稳定粒料类垫层、水泥稳定粒料类垫层适用

于城市道路温度和湿度状况不良的环境下，提高路面抗冻性能，以改善路面结构的使用性能。

9. 下列各项中，桥梁下部结构施工说法正确的是（   ）。
A. 石砌墩台应分段分层砌筑，两相邻工作段的砌筑高差不超过1.2m
B. 石砌墩台上层石块应在下层石块上铺满砂浆后砌筑
C. 钢筋混凝土墩台混凝土宜水平分层浇筑，逐层振捣密实，控制混凝土下落高度，防止混凝土拌合料离析
D. 大体积墩台混凝土应合理分块进行浇筑，每块面积不宜小于100m²，高度不宜超过5m
E. 墩台帽（盖梁）支架一般采用满堂式扣件钢管支架

【答案】ABE

【解析】石砌墩台应分段分层砌筑，两相邻工作段的砌筑高差不超过1.2m。石砌墩台上层石块应在下层石块上铺满砂浆后砌筑。钢筋混凝土墩台混凝土宜水平分层浇筑，每层浇筑高度一般为1.5～2m，逐层振捣密实，控制混凝土下落高度，防止混凝土拌合料离析。大体积墩台混凝土应合理分块进行浇筑，每块面积不宜小于50m²，高度不宜超过2m。墩台帽（盖梁）支架一般采用满堂式扣件钢管支架。

10. 板式橡胶支座包括（   ）。
A. 滑板式支座
B. 螺旋锚固板式橡胶支座
C. 四氟板支座
D. 坡型板式橡胶支座
E. 球形板支座

【答案】ACD

【解析】板式橡胶支座包括：滑板式支座、四氟板支座、坡型板式橡胶支座。

11. 下列关于桥面系施工的说法中，表述正确的是（   ）。
A. 基面应坚实平整粗糙，不得有尖硬接茬、空鼓、开裂、起砂和脱皮等缺陷
B. 基层混凝土强度应达到设计强度并符合设计要求，含水率不得大于15%
C. 桥面涂层防水施工采用涂刷发、刮涂法或喷涂法施工
D. 涂刷应现进行大面积涂刷，后做转角处、变形缝部位
E. 切缝过程中，要保护好切缝外侧沥青混凝土边角，防止污染破损

【答案】ACE

【解析】基面应坚实平整粗糙，不得有尖硬接茬、空鼓、开裂、起砂和脱皮等缺陷。基层混凝土强度应达到设计强度并符合设计要求，含水率不得大于9%。桥面涂层防水施工采用涂刷发、刮涂法或喷涂法施工。涂刷应现做转角处、变形缝部位，后进行大面积涂刷。切缝过程中，要保护好切缝外侧沥青混凝土边角，防止污染破损。

12. 下列关于沟槽开挖施工要点的说法中，错误的是（   ）。
A. 当管径小、土方量少、施工现场狭窄、地下障碍物多或无法采用机械挖土时采用人工开挖
B. 相邻沟槽开挖时，应遵循先深后浅的施工顺序
C. 采用机械挖土时，应使槽底留50cm左右厚度土层，由人工清槽底
D. 已有地下管线与沟槽交叉或邻近建筑物、电杆、测量标志时，应采取避开措施

E. 穿越道路时，架设施工临时便桥，设置明显标志，做好交通导行措施

【答案】ABE

【解析】沟槽开挖：当管径小、土方量少、施工现场狭窄、地下障碍物多无法采用机械挖土时采用人工开挖。相邻沟槽开挖时，应遵循先深后浅的施工顺序。采用机械挖土时，应使槽底留20cm左右厚度土层，由人工清槽底。已有地下管线与沟槽交叉或邻近建筑物、电杆、测量标志时，应采取相应加固措施，应会同有关权属单位协调解决。穿越道路时，架设施工临时便桥，设置明显标志，做好交通导行措施。

13. 下列关于球墨铸铁管道铺设施工的说法中，表述正确的是（   ）。
A. 接口工作坑每隔一个管口设一个，砂垫层检查合格后，机械开挖管道接口工作坑
B. 管道沿曲线安装时，先把槽开宽，适合转角和安装
C. 当采用截断的管节进行安装时，管端切口与管体纵向轴线平行
D. 将管节吊起稍许，使插口对正承口装入，调整好接口间隙后固定管身，卸去吊具
E. 螺栓上紧之后，用力矩扳手检验每个螺栓的扭矩

【答案】BDE

【解析】接口工作坑：接口工作坑每个管口设一个，砂垫层检查合格后，人工开挖管道接口工作坑。转角安装：管道沿曲线安装时，先把槽开宽，适合转角和安装。切管与切口修补：当采用截断的管节进行安装时，管端切口与管体纵向轴线垂直。对口：将管节吊起稍许，使插口对正承口装入，调整好接口间隙后固定管身，卸去吊具。检查：卸去螺栓后螺栓上紧之后，用力矩扳手检验每个螺栓的扭矩。

14. 沉管工程施工方案主要内容包括（   ）。
A. 施工平面布置图及剖面图
B. 施工总平面布置图
C. 沉管施工方法的选择及相应的技术要求
D. 沉管施工各阶段的管道浮力计算，并根据施工方法进行施工各阶段的管道强度、刚度、稳定性验算
E. 水上运输航线的确定，通航管理措施

【答案】ACDE

【解析】沉管工程施工方案主要内容包括：施工平面布置图及剖面图；沉管施工方法的选择及相应的技术要求；沉管施工各阶段的管道浮力计算，并根据施工方法进行施工各阶段的管道强度、刚度、稳定性验算；管道（段）下沉测量控制方法；水上运输航线的确定，通航管理措施；水上、水下等安全作业和航运安全的保证措施；对于预制钢筋混凝土管沉管工程，还应包括：临时干坞施工、钢筋混凝土管节制作、管道基础处理、接口连接、最终接口处理等施工技术方案。

15. 喷锚暗挖（矿山）法中沉降量大、工期长的开挖方式有（   ）。
A. 双侧壁导坑法　　　　　　B. 交叉中隔壁法（CRD工法）
C. 中洞法　　　　　　　　　D. 侧洞法
E. 柱洞法

【答案】ADE

【解析】见表4-5。

喷锚暗挖（矿山）法开挖方式与选择条件　　　表4-5

施工方法	示意图	选择条件比较					
		结构与适用地层	沉降	工期	防水	初期支护拆除量	造价
全断面法		地层好，跨度≤8m	一般	最短	好	无	低
正台阶法		地层较差，跨度≤10m	一般	短	好	无	低
环形开挖预留核心土法		地层差，跨度≤12m	一般	短	好	无	低
单侧壁导坑法		地层差，跨度≤14m	较大	较短	好	小	低
双侧壁导坑法		小跨度，连续使用可扩大跨度	大	长	效果差	大	高
中隔壁法（CD工法）		地层差，跨度≤18m	较大	较短	好	小	偏高
交叉中隔壁法（CRD工法）		地层差，跨度≤20m	较小	长	好	大	高
中洞法		小跨度，连续使用可扩成大跨度	小	长	效果差	大	较高
侧洞法		小跨度，连续使用可扩成大跨度	大	长	效果差	大	高
柱洞法		多层多跨	大	长	效果差	大	高

16. 下列关于注浆工艺选择正确的是（　　）。
A. 在砂卵石地层中宜采用渗入注浆法
B. 在砂层中宜采用渗透注浆法
C. 在黏土层中宜采用劈裂注浆法

D. 在淤泥质软土层中宜采用电动硅化注浆法
E. 在淤泥质软土层中宜采用高压喷射注浆法

【答案】ABCE

【解析】在砂卵石地层中宜采用渗入注浆法；在砂层中宜采用渗透注浆法；在黏土层中宜采用劈裂或电动硅化注浆法；在淤泥质软土层中宜采用高压喷射注浆法。

17. 沉井结构的组成包括（　　）。
　　A. 井壁
　　B. 刃脚
　　C. 底梁
　　D. 凹槽
　　E. 井口

【答案】ABCD

【解析】沉井一般由井壁（侧壁）、刃脚、凹槽、底梁等组成。

18. 下列关于沉井施工方法的说法中，错误的是（　　）。
　　A. 挖土层应一次性进行；对于有底梁或支撑梁沉井，其相邻阁仓高差不宜超过0.5m
　　B. 机械设备的配备应满足沉井下沉以及水中开挖、出土等要求，运行正常；废弃土方、泥浆专门处置，不得随意排放
　　C. 下沉应平稳、均衡、缓慢，发生偏斜应通过调整开挖顺序和方式"随叫随到、动中纠偏"
　　D. 干封底保持施工降水井稳定地下水位距坑底不小于0.5m；在沉井封底前应用大石块将刃脚下垫实
　　E. 水下混凝土封底的浇筑顺序，应从低处开始，逐渐向中心缩小

【答案】AE

【解析】挖土层应分层、均匀、对称进行；对于有底梁或支撑梁沉井，其相邻阁仓高差不宜超过0.5m。机械设备的配备应满足沉井下沉以及水中开挖、出土等要求，运行正常；废弃土方、泥浆专门处置，不得随意排放。下沉应平稳、均衡、缓慢，发生偏斜应通过调整开挖顺序和方式"随叫随到、动中纠偏"。干封底保持施工降水井稳定地下水位距坑底不小于0.5m；在沉井封底前应用大石块将刃脚下垫实。水下混凝土封底的浇筑顺序，应从低处开始，逐渐向周围扩大。

19. 下列关于GCL垫质量控制要点的说法中，表述正确的是（　　）。
　　A. 填埋区基底检验合格后方可进行GCL垫铺设作业，每一工作面施工前均要对基底进行修整和检验
　　B. 对铺开的GCL垫进行调整，调整搭接宽度，控制在450mm±50mm范围内，拉平GCL垫，确保无褶皱、无悬空现象，与基础层贴实
　　C. 掀开搭接处上层GCL垫，在搭接处均匀撒膨润土粉，将两层垫间密封，然后将掀开的GCL垫铺回
　　D. 根据填埋区基底设计坡向，GCL垫的搭接，尽量采用顺坡搭接，即采用上压下的搭接方式；注意避免出现十字搭接，而尽量采用品形分布
　　E. GCL垫需当日铺设当日覆盖，遇有雨雪天气停止施工，并将已铺设的GCL垫覆盖好

【答案】ACDE

【解析】填埋区基底检验合格后方可进行 GCL 垫铺设作业,每一工作面施工前均要对基底进行修整和检验。对铺开的 GCL 垫进行调整,调整搭接宽度,控制在 250mm±50mm 范围内,拉平 GCL 垫,确保无褶皱、无悬空现象,与基础层贴实。掀开搭接处上层 GCL 垫,在搭接处均匀撒膨润土粉,将两层垫间密封,然后将掀开的 GCL 垫铺回。根据填埋区基底设计坡向,GCL 垫的搭接,尽量采用顺坡搭接,即采用上压下的搭接方式;注意避免出现十字搭接,而尽量采用品形分布。GCL 垫需当日铺设当日覆盖,遇有雨雪天气停止施工,并将已铺设的 GCL 垫覆盖好。

20. 下列关于树木栽植的说法中,表述正确的是( )。
 A. 挖种植穴、槽应垂直下挖,穴槽壁要平滑,上下口径大小要一致,以免树木根系不能舒展或填土不实
 B. 对行道树的修剪还应注意分枝点,应保持在 2.5m 以上,相邻的分枝点要间隔较远
 C. 乔木地上部分修剪:对干性强又必须保留中干优势的树种,采用削枝保干的修剪法
 D. 在秋季挖掘落叶树木时,必须摘掉尚未脱落的树叶,但不得伤害幼芽
 E. 肥基层以上应做成环形拦水围堰,高 50mm 以上

【答案】ACD

【解析】挖种植穴、槽应垂直下挖,穴槽壁要平滑,上下口径大小要一致,以免树木根系不能舒展或填土不实。乔木地上部分修剪:对干性强又必须保留中干优势的树种,采用削枝保干的修剪法。对行道树的修剪还应注意分枝点,应保持在 2.5m 以上,相邻的分枝点要相近。在秋季挖掘落叶树木时,必须摘掉尚未脱落的树叶,但不得伤害幼芽。肥基层以上应当铺一层壤土,厚 50mm 以上。

21. 下列属于针叶常绿乔木大树规格的是( )。
 A. 胸径在 20cm 以上
 B. 胸径在 40cm 以上
 C. 株高在 6m 以上
 D. 地径在 18m 以上
 E. 株高在 12m 以上

【答案】CD

【解析】落叶和阔叶常绿乔木:胸径在 20cm 以上;针叶常绿乔木:株高在 6m 以上或地径在 18m 以上;胸径是指乔木主干在 1.3m 处的树干直径;地径是指树木的树干接近地面处的直径。

22. 下列属于提高大树成活率的方法的是( )。
 A. 支撑树干
 B. 平衡株势
 C. 包裹树干
 D. 树干刷防护漆
 E. 水肥管理

【答案】ABCE

【解析】如下措施可以提高大树成活率:1)支撑树干;2)平衡株势;3)包裹树干;4)合理使用营养液,补充养分和增加树木的抗性;5)水肥管理。

23. 下列关于城市绿化植物与有关设施的距离要求的说法中,表述正确的是( )。
 A. 电线电压 380V,树枝至电线的水平距离及垂直距离均不小于 1.50m
 B. 电线电压 3000~10000V,树枝至电线的水平距离及垂直距离均不小于 3.00m

C. 乔木中心与各种地下管线边缘的间距均不小于 2.00m

D. 灌木边缘与各地下管线边缘的间距均不小于 0.50m

E. 道路交叉路口、里弄出口及道路弯道处栽植树木应满足车辆的安全视距

【答案】BDE

【解析】电线电压380V，树枝至电线的水平距离及垂直距离均不小于1.00m。电线电压3000~10000V，树枝至电线的水平距离及垂直距离均不小于3.00m。乔木中心与各种地下管线边缘的间距均不小于0.95m。灌木边缘与各地下管线边缘的间距均不小于0.50m。道路交叉路口、里弄出口及道路弯道处栽植树木应满足车辆的安全视距。

24. 施工机具的有效性应对进场的机具进行检查，包括（   ）。

A. 机具的产品合格证　　　　　　B. 机具是否在有效期内

C. 机具种类是否齐全　　　　　　D. 数量是否满足工期需要

E. 机具的产品说明书

【答案】BCD

【解析】施工机具的有效性应对进场的机具进行检查，包括审查需进行强制检验的机具是否在有效期内，机具种类是否齐全，数量是否满足工期需要。

第五章 施工项目管理

一、判断题

1. 施工项目的生产要素主要包括劳动力、材料、技术和资金。

【答案】错误

【解析】施工项目的生产要素是施工项目目标得以实现的保证,主要包括:劳动力、材料、设备、技术和资金(即5M)。

2. 项目质量控制贯穿于项目施工的全过程。

【答案】错误

【解析】项目质量控制贯穿于项目实施的全过程。

3. 安全管理的对象是生产中一切人、物、环境、管理状态,安全管理是一种动态管理。

【答案】正确

【解析】安全管理的对象是生产中一切人、物、环境、管理状态,安全管理是一种动态管理。

二、单选题

1. 以下不属于施工项目管理内容的是( )。
   A. 施工项目的生产要素管理　　B. 组织协调
   C. 施工现场的管理　　　　　　D. 项目的规划设计

【答案】D

【解析】施工项目管理包括以下六方面内容:建立施工项目管理组织、制定施工项目管理规划、进行施工项目的目标控制、对施工项目的生产要素进行优化配置和动态管理、施工项目的合同管理、施工项目的信息管理等。

2. 下列选项中,不属于施工项目管理组织的内容的是( )。
   A. 组织系统的设计与建立　　B. 组织沟通
   C. 组织运行　　　　　　　　D. 组织调整

【答案】B

【解析】施工项目管理组织,是指为进行施工项目管理、实现组织职能而进行组织系统的设计与建立、组织运行和组织调整三个方面。

3. 施工项目目标控制包括:施工项目进度控制、施工项目质量控制、( )、施工项目安全控制四个方面。
   A. 施工项目管理控制　　B. 施工项目成本控制
   C. 施工项目人力控制　　D. 施工项目物资控制

【答案】B

【解析】施工项目目标控制包括:施工项目进度控制、施工项目质量控制、施工项目成本控制、施工项目安全控制四个方面。

4. 施工项目控制的任务是进行以项目进度控制、质量控制、成本控制和安全控制为主要内容的四大目标控制。其中下列不属于与施工项目成果相关的是（　　）。

　　A. 进度控制　　　　　　　　　　B. 安全控制
　　C. 质量控制　　　　　　　　　　D. 成本控制

【答案】B

【解析】施工项目控制的任务是进行以项目进度控制、质量控制、成本控制和安全控制为主要内容的四大目标控制。其中前三项目标是施工项目成果，而安全目标是指施工过程中人和物的状态。

5. 为了取得施工成本管理的理想效果，必须从多方面采取有效措施实施管理，这些措施不包括（　　）。

　　A. 组织措施　　　　　　　　　　B. 技术措施
　　C. 经济措施　　　　　　　　　　D. 管理措施

【答案】D

【解析】施工项目成本控制的措施包括组织措施、技术措施、经济措施和合同措施。

三、多选题

1. 下列各项中，不属于施工项目管理的内容的是（　　）。

　　A. 建立施工项目管理组织　　　　B. 编制《施工项目管理目标责任书》
　　C. 施工项目的生产要素管理　　　D. 施工项目的施工情况的评估
　　E. 施工项目的信息管理

【答案】BD

【解析】施工项目管理包括以下六方面内容：建立施工项目管理组织、制定施工项目管理规划、进行施工项目的目标控制、对施工项目的生产要素进行优化配置和动态管理、施工项目的合同管理、施工项目的信息管理等。

2. 下列各项中，属于项目管理组织职能的是（　　）。

　　A. 组织设计　　　　　　　　　　B. 组织联系
　　C. 组织运行　　　　　　　　　　D. 组织行为
　　E. 组织调整

【答案】ABCDE

【解析】施工项目管理组织职能包括五个方面内容：1）组织设计；2）组织联系；3）组织运行；4）组织行为；5）组织调整。

3. 下列关于施工项目目标控制的措施说法错误的是（　　）。

　　A. 施工项目进度控制的措施主要有组织措施、技术措施、合同措施、经济措施
　　B. 经济措施主要是建立健全目标控制组织，完善组织内各部门及人员的职责分工
　　C. 技术措施主要是项目目标控制中所用的技术措施有两大类：一类是硬技术，即工艺技术
　　D. 合同措施是指严格执行和完成合同规定的一切内容，阶段性检查合同履行情况，对偏离合同的行为应及时采取纠正措施

E. 组织措施是目标控制的基础，制定有关规章制度，保证制度的贯彻与执行，建立健全控制信息流通的渠道

【答案】BE

【解析】施工项目进度控制的措施主要有组织措施、技术措施、合同措施、经济措施。组织措施主要是建立健全目标控制组织，完善组织内各部门及人员的职责分工；落实控制责任；制定有关规章制度；保证制度的贯彻与执行；建立健全控制信息流通的渠道。技术措施主要是项目目标控制中所用的技术措施有两大类：一类是硬技术，即工艺技术；一类是软技术，即管理技术。合同措施是指严格执行和完成合同规定的一切内容，阶段性检查合同履行情况，对偏离合同的行为应及时采取纠正措施。经济措施是指经济是项目管理的保证，是目标控制的基础。建立健全经济责任制，根据不同的控制目标，制定完成目标值和未完成目标值的奖惩制度，制定一系列保证目标实现的奖励措施。

4. 以下属于施工项目资源管理的内容的是（　　）。
A. 劳动力　　　　　　　　B. 材料
C. 技术　　　　　　　　　D. 机械设备
E. 施工现场

【答案】ABCD

【解析】资源管理所需人力、材料、机械设备、技术、资金和基础设施所进行的计划、组织、指挥、协调和控制等活动。

5. 以下各项中属于施工现场管理的内容的是（　　）。
A. 落实资源进度计划　　　　B. 施工平面布置
C. 施工现场封闭管理　　　　D. 施工资源进度计划的动态调整
E. 警示标牌

【答案】BCE

【解析】施工项目现场管理的内容：1）施工平面布置；2）施工现场封闭管理；3）警示标牌。

6. 以下各项中属于环境保护和文明施工管理的措施有（　　）。
A. 防治大气污染措施　　　　B. 防治水污染措施
C. 防治扬尘污染措施　　　　D. 防治施工噪声污染措施
E. 防治固体废弃物污染措施

【答案】ABDE

【解析】环境保护和文明施工管理：1）防治大气污染措施；2）防治水污染措施；3）防治施工噪声污染措施；4）防治固体废弃物污染措施。

第六章 力学基础知识

一、判断题

1. 改变力的方向，力的作用效果不会改变。

【答案】错误

【解析】力对物体作用效果取决于力的三要素：力的大小、方向、作用点。改变力的方向，当然会改变力的作用效果。

2. 力总是成对出现的，有作用力必定有反作用力，且总是同时产生又同时消失的。

【答案】正确

【解析】作用与反作用公理表明力总是成对出现的，有作用力必定有反作用力，且总是同时产生又同时消失的。

3. 各杆在铰结点处互不分离，不能相对移动，也不能相对转动。

【答案】错误

【解析】杆件间的连接区简化为杆轴线的汇交点，各杆在铰结点处互不分离，但可以相互转动。

4. 可动铰支座对构件的支座反力通过铰链中心，可以限制垂直于支承面方向和沿支承面方向的移动。

【答案】错误

【解析】可动铰支座对构件的支座反力通过铰链中心，且垂直于支承面，指向未定。只能限制垂直于支承面方向，不能沿支承面方向的移动。

5. 平面一般力系平衡的几何条件是力系中所有各力在两个坐标轴上投影的代数和分别等于零。

【答案】错误

【解析】平面一般力系平衡的几何条件是该力系合力等于零，解析条件是力系中所有各力在两个坐标轴上投影的代数和分别等于零。

6. 力偶是由大小相等方向相反作用线平行且不共线的两个力组成的力系。

【答案】正确

【解析】力偶是由大小相等方向相反作用线平行且不共线的两个力组成的力系。

7. 矩心到力的作用点的距离称为力臂。

【答案】错误

【解析】矩心到力的作用线的垂直距离称为力臂。

8. 静定结构只在荷载作用下才会产生反力、内力。

【答案】正确

【解析】静定结构只在荷载作用下才会产生反力、内力。

9. 静定结构在几何特征上无多余联系的几何不变体系。

【答案】正确

【解析】静定结构在几何特征上无多余联系的几何不变体系。

10. 弯矩是截面上应力对截面形心的力矩之和，有正负之分。

【答案】错误

【解析】弯矩是截面上应力对截面形心的力矩之和，不规定正负号。

11. 在建筑力学中主要研究等截面直杆。

【答案】正确

【解析】杆件按照轴线情况分为直杆和曲杆，按照横截面分为等截面杆和变截面杆。在建筑力学中，主要研究等截面直杆。

12. 刚度是指结构或构件抵抗破坏的能力。

【答案】错误

【解析】刚度是指结构或构件抵抗变形的能力，强度是指结构或构件抵抗破坏的能力。

二、单选题

1. 下列说法错误的是（   ）。
A. 沿同一直线，以同样大小的力拉车，对车产生的运动效果一样
B. 在刚体的原力系上加上或去掉一个平衡力系，不会改变刚体的运动状态
C. 力的可传性原理只适合研究物体的外效应
D. 对于所有物体，力的三要素可改为：力的大小、方向和作用线

【答案】D

【解析】力的可传性原理：作用于刚体上的力可沿其作用线移动到刚体内任意一点，而不改变原力对刚体的作用效应。

2. 合力的大小和方向与分力绘制的顺序的关系是（   ）。
A. 大小与顺序有关，方向与顺序无关
B. 大小与顺序无关，方向与顺序有关
C. 大小和方向都与顺序有关
D. 大小和方向都与顺序无关

【答案】D

【解析】有力的平行四边形法则画图，合力的大小和方向与分力绘制的顺序无关。

3. 下列关于结构整体简化正确的是（   ）。
A. 把空间结构都要分解为平面结构
B. 若空间结构可以由几种不同类型平面结构组成，则要单独分解
C. 对于多跨多层的空间刚架，可以截取纵向或横向平面刚架来分析
D. 对延长方向结构的横截面保持不变的结构，可沿纵轴截取平面结构

【答案】C

【解析】除了具有明显空间特征的结构外，在多数情况下，把实际的空间结构（忽略次要的空间约束）分解为平面结构。对延长方向结构的横截面保持不变的结构，可做两相邻截面截取平面结构结算。对于多跨多层的空间刚架，可以截取纵向或横向平面刚架来分析。若空间结构可以由几种不同类型平面结构组成，在一定条件下，可以把各类平面结构合成一个总的平面结构，并计算出各类平面结构所分配的荷载，再分别计算。杆件间的

连接区简化为杆轴线的汇交点，各杆在铰结点处互不分离，但可以相互转动。

4. 可以限制于销钉平面内任意方向的移动，而不能限制构件绕销钉的转动的支座是：（　　）。
   A. 可动铰支座　　　　　　　　B. 固定铰支座
   C. 固定端支座　　　　　　　　D. 滑动铰支座

【答案】B

【解析】可以限制于销钉平面内任意方向的移动，而不能限制构件绕销钉的转动的支座是固定铰支座。

5. 既限制构件的移动，也限制构件的转动的支座是（　　）。
   A. 可动铰支座　　　　　　　　B. 固定铰支座
   C. 固定端支座　　　　　　　　D. 滑动铰支座

【答案】C

【解析】既限制构件的移动，也限制构件的转动的支座是固定端支座。

6. 光滑接触面约束对物体的约束反力的方向是（　　）。
   A. 通过接触点，沿接触面的公法线方向
   B. 通过接触点，沿接触面公法线且指向物体
   C. 通过接触点，沿接触面且沿背离物体的方向
   D. 通过接触点，且沿接触面公切线方向

【答案】B

【解析】光滑接触面约束只能阻碍物体沿接触表面公法线并指向物体的运动，不能限制沿接触面公切线方向的运动。

7. 下列说法正确的是（　　）。
   A. 柔体约束的反力方向为通过接触点，沿柔体中心线且物体
   B. 光滑接触面约束反力的方向通过接触点，沿接触面且沿背离物体的方向
   C. 圆柱铰链的约束反力是垂直于轴线并通过销钉中心
   D. 链杆约束的反力是沿链杆的中心线，垂直于接触面

【答案】D

【解析】柔体约束的反力方向为通过接触点，沿柔体中心线且背离物体。光滑接触面约束只能阻碍物体沿接触表面公法线并指向物体的运动。圆柱铰链的约束反力是垂直于轴线并通过销钉中心，方向未定。链杆约束的反力是沿链杆的中心线，而指向未定。

8. 下列哪一项是正确的（　　）。
   A. 当力与坐标轴垂直时，力在该轴上的投影等于力的大小
   B. 当力与坐标轴垂直时，力在该轴上的投影为零
   C. 当力与坐标轴平行时，力在该轴上的投影为零
   D. 当力与坐标轴平行时，力在该轴的投影的大小等于该力的大小

【答案】B

【解析】利用解析法时，当力与坐标轴垂直时，力在该轴上的投影为零，当力与坐标轴平行时，力在该轴的投影的绝对值等于该力的大小。

9. 力系合力等于零是平面汇交力系平衡的（　　）条件。

A. 充分条件 B. 必要条件
C. 充分必要条件 D. 既不充分也不必要条件

【答案】C

【解析】平面汇交力系平衡的充分必要条件是力系合力等于零。

10. 下列关于力偶的说法正确的是（　　）。
A. 力偶在任一轴上的投影恒为零，可以用一个合力来代替
B. 力偶可以和一个力平衡
C. 力偶不会使物体移动，只能转动
D. 力偶矩与矩心位置有关

【答案】C

【解析】力偶中的两个力大小相等、方向相反、作用线平行且不共线，不能合成为一个力，也不能用一个力来代替，也不能和一个力平衡，力偶只能和力偶平衡。力偶和力对物体作用效果不同，力偶不会使物体移动，只能转动，力偶对其作用平面内任一点之矩恒等于力偶矩，而与矩心位置无关。

11. 平面汇交力系中的力对平面任一点的力矩，等于（　　）。
A. 力与力到矩心的距离的乘积
B. 力与矩心到力作用线的垂直距离的乘积
C. 该力与其他力的合力对此点产生的力矩
D. 该力的各个分力对此点的力矩大小之和

【答案】B

【解析】力矩是力与矩心到该力作用线的垂直距离的乘积，是代数量。合力矩定理规定合力对平面内任一点的力矩，等于力系中各分力对同一点的力矩的代数和。

12. 下列关于多跨静定梁的说法错误的是（　　）。
A. 基本部分上的荷载向它支持的附属部分传递力
B. 基本部分上的荷载仅能在其自身上产生内力
C. 附属部分上的荷载会传给支持它的基础部分
D. 基本部分上的荷载会使其自身和基础部分均产生内力和弹性变形

【答案】A

【解析】从受力和变形方面看，基本部分上的荷载通过支座直接传与地基，不向它支持的附属部分传递力，因此基本部分上的荷载仅能在其自身上产生内力和弹性变形；而附属部分上的荷载会传给支持它的基础部分，通过基本部分的支座传给地基，因此使其自身和基础部分均产生内力和弹性变形。

13. 结构或构件抵抗破坏的能力是（　　）。
A. 强度 B. 刚度
C. 稳定性 D. 挠度

【答案】A

【解析】强度是指结构或构件抵抗破坏的能力，刚度是指结构或构件抵抗变形的能力，稳定性是指构件保持平衡状态稳定性的能力。

14. 下列关于应力与应变的关系，哪一项是正确的（　　）。

A. 杆件的纵向变形总是与轴力及杆长成正比，与横截面面积成反比
B. 由胡克定律可知，在弹性范围内，应力与应变成反比
C. 实际剪切变形中，假设剪切面上的切应力是均匀分布的
D. I_P 指抗扭截面系数，W_P 称为截面对圆心的极惯性矩

【答案】D

【解析】在弹性范围内杆件的纵向变形总是与轴力及杆长成正比，与横截面面积成反比。由胡克定律可知，在弹性范围内，应力与应变成正比。I_P 指极惯性矩，W_P 称为截面对圆心的抗扭截面系数。

15. 纵向线应变的表达式为 $\varepsilon = \dfrac{\Delta l}{l}$，在这个公式中，表述正确的是（ ）。

A. l 表示杆件变形前长度
B. l 表示杆件变形后长度
C. ε 的单位和应力的单位一致
D. ε 的单位是米或毫米

【答案】A

【解析】纵向线应变的表达式为 $\varepsilon = \dfrac{\Delta l}{l}$，$l$ 表示杆件原长度，ε 表示单位长度的纵向变形，是一个无量纲的量。

16. 下列哪一项反映材料抵抗弹性变形的能力（ ）。

A. 强度
B. 刚度
C. 弹性模量
D. 剪切模量

【答案】C

【解析】材料的弹性模量反映了材料抵抗弹性变形的能力，其单位与应力相同。

三、多选题

1. 力对物体的作用效果取决于力的三要素，即（ ）。

A. 力的大小
B. 力的方向
C. 力的单位
D. 力的作用点
E. 力的相互作用

【答案】ABD

【解析】力是物体间相互的机械作用，力对物体的作用效果取决于力的三要素，即力的大小、力的方向和力的作用点。

2. 物体间相互作用的关系是（ ）。

A. 大小相等
B. 方向相反
C. 沿同一条直线
D. 作用于同一物体
E. 作用于两个物体

【答案】ABCE

【解析】作用与反作用公理的内容：两物体间的作用力与反作用力，总是大小相等、方向相反，沿同一直线，并分别作用在这两个物体上。

3. 物体平衡的充分与必要条件是（ ）。

A. 大小相等
B. 方向相同

C. 方向相反 D. 作用在同一直线

E. 互相垂直

【答案】 ACD

【解析】 物体平衡的充分与必要条件是大小相等、方向相反、作用在同一直线。

4. 一个力 F 沿直角坐标轴方向分解，得出分力 F_X，F_Y，假设 F 与 X 轴之间的夹角为 α，则下列公式正确的是（   ）。

   A. $F_X = \sin\alpha$ B. $F_X = \cos\alpha$

   C. $F_Y = \sin\alpha$ D. $F_Y = \cos\alpha$

   E. 以上都不对

【答案】 BC

【解析】 一个力 F 沿直角坐标轴方向分解，得出分力 F_X，F_Y，假设 F 与 X 轴之间的夹角为 α，则 $F_X = \cos\alpha$、$F_Y = \sin\alpha$。

5. 刚体受到三个力的作用，这三个力作用线汇交于一点的条件有（   ）。

   A. 三个力在一个平面 B. 三个力平行

   C. 刚体在三个力作用下平衡 D. 三个力不平行

   E. 三个力可以不共面，只要平衡即可

【答案】 ACD

【解析】 三力平衡汇交定理：一刚体受共面且不平行的三个力作用而平衡时，这三个力的作用线必汇交于一点。

6. 研究平面汇交力系的方法有（   ）。

   A. 平行四边形法则 B. 三角形法

   C. 几何法 D. 解析法

   E. 二力平衡法

【答案】 ABCD

【解析】 平面汇交力系的方法有几何法和解析法，其中几何法包括平行四边形法则和三角形法。

7. 下列哪项表述是错误的（   ）。

   A. 力偶在任一轴上的投影恒为零

   B. 力偶的合力可以用一个力来代替

   C. 力偶可在其作用面内任意移动，但不能转动

   D. 只要力偶的大小、转向和作用平面相同，它们就是等效的

   E. 力偶系中所有各力偶矩的代数和等于零

【答案】 BC

【解析】 力偶的合力可以用一个力偶来代替，力偶可在其作用面内既可以任意移动，也可以转动，即力偶对物体的转动效应与它在平面内的位置无关。

8. 当力偶的两个力大小和作用线不变，而只是同时改变指向，则下列正确的是（   ）。

   A. 力偶的转向不变 B. 力偶的转向相反

   C. 力偶矩不变 D. 力偶矩变号

E. 不一定

【答案】BD

【解析】当力偶的两个力大小和作用线不变，而只是同时改变指向，力偶的转向相反，由于力偶是力与力偶臂的乘积，力的方向改变，力偶矩变号。

9. 下列哪项表述是正确的（ ）。
   A. 在平面问题中，力矩为代数量
   B. 只有当力和力臂都为零时，力矩等于零
   C. 当力沿其作用线移动时，不会改变力对某点的矩
   D. 力矩就是力偶，两者是一个意思
   E. 力偶可以是一个力

【答案】AC

【解析】在平面问题中，力矩为代数量。当力沿其作用线移动时，不会改变力对某点的矩。当力或力臂为零时，力矩等于零。力矩和力偶不是一个意思。

10. 单跨静定梁常见的形式有（ ）。
    A. 简支梁　　　　　　　　B. 伸臂梁
    C. 悬臂梁　　　　　　　　D. 组合梁
    E. 钢梁

【答案】ABC

【解析】单跨静定梁常见的形式有三种：简支、伸臂、悬臂。

11. 杆件变形的基本形式有（ ）。
    A. 轴向拉伸　　　　　　　B. 剪切
    C. 扭转　　　　　　　　　D. 弯扭
    E. 平面弯曲

【答案】ABCE

【解析】杆件在不同形式的外力作用下，将产生不同形式的变形，基本形式有：轴向拉伸与轴向压缩、剪切、扭转、平面弯曲。

12. 结构的承载能力包括（ ）。
    A. 强度　　　　　　　　　B. 刚度
    C. 挠度　　　　　　　　　D. 稳定性
    E. 屈曲

【答案】ABD

【解析】结构和构件的承载能力包括强度、刚度和稳定性。

第七章 市政工程基本知识

一、判断题

1. 人行道指人群步行的道路，但不包括地下人行通道。

【答案】错误

【解析】城镇道路由机动车道、人行道、分隔带、排水设施等组成，人行道：人群步行的道路，包括地下人行通道。

2. 道路可分为Ⅰ、Ⅱ、Ⅲ级，大中等城市应采用Ⅰ级标准。

【答案】错误

【解析】除快速路外，每类道路按照所在城市的规模、涉及交通量、地形等分为Ⅰ、Ⅱ、Ⅲ级。大城市应采用各类道路中的Ⅰ级标准，中等城市应采用Ⅱ级标准，小城镇应采用Ⅲ级标准。

3. 目前我国大多数大城市采用方格网式或环形放射式的混合式。

【答案】正确

【解析】混合式道路系统也称为综合式道路系统，是以上三种形式的组合。目前我国大多数大城市采用方格网式或环形放射式的混合式。

4. 完成道路平面定线是在道路纵断面设计及野外测量的基础上进行的。

【答案】错误

【解析】道路纵断面设计是根据所设计道路的等级、性质以及水文、地质等自然条件下，在完成道路平面定线及野外测量的基础上进行的。

5. 垫层应满足强度和水稳定性的要求。

【答案】正确

【解析】垫层应满足强度和水稳定性的要求。

6. 在冻深较大的地方铺设的垫层称为隔离层。

【答案】错误

【解析】在地下水位较高地区铺设的垫层称为隔离层，在冻深较大的地方铺设的垫层称为防冻层。

7. 雨水支管的坡度一般不小于10%，覆土厚度一般不大于0.7m。

【答案】错误

【解析】雨水支管的坡度一般不小于10%，覆土厚度一般不小于0.7m。

8. 立缘石一般高出车行道15~18cm，对人行道等起侧向支撑作用。

【答案】正确

【解析】立缘石一般高出车行道15~18cm，对人行道等起侧向支撑作用。

9. 照明灯杆设置在两侧和分隔带中，立体交叉处不应设有灯杆。

【答案】错误

【解析】照明灯杆设置在两侧和分隔带中，立体交叉处应设有独立灯杆。

10. 城市桥梁包括隧道（涵）和人行天桥。

【答案】正确

【解析】城市桥梁包括隧道（涵）和人行天桥。

11. 拱式桥按桥面位置可分为上承式拱桥、中承式拱桥和下承式拱桥。

【答案】正确

【解析】拱式桥按桥面位置可分为上承式拱桥、中承式拱桥和下承式拱桥。

12. 在竖向荷载作用下，刚构桥柱脚只承受轴力和水平推力。

【答案】错误

【解析】在竖向荷载作用下，梁部主要受弯，柱脚则要承受弯矩、轴力和水平推力。

13. 桥梁伸缩一般只设在梁与梁之间。

【答案】错误

【解析】桥梁伸缩一般设在梁与桥台之间、梁与梁之间。

14. 整体式板桥按计算一般需要计算纵向受力钢筋、分布钢筋、箍筋和斜筋。

【答案】错误

【解析】整体石板桥配置纵向受力钢筋和与之垂直的分布钢筋，按计算一般不需设置箍筋和斜筋。

15. 不等跨连续梁的边跨与中跨之比值一般为0.5。

【答案】错误

【解析】不等跨连续梁的边跨与中跨之比值一般为0.5~0.7。

16. 活动支座用来保证桥跨结构在各种因素作用下可以转动，但不能移动。

【答案】错误

【解析】活动支座用来保证桥跨结构在各种因素作用下可以水平转动和移动。

17. 浅基础埋深一般在5m以内，最常用的是天然地基上的扩大基础。

【答案】正确

【解析】基础按埋置深度分为浅基础和深基础两类，浅基础埋深一般在5m以内，最常用的是天然地基上的扩大基础。

18. 内衬式预应力钢筒混凝土管是将钢筒埋置在混凝土里面，在混凝土管芯上缠绕预应力钢丝，最后在表面敷设砂浆保护层。

【答案】错误

【解析】内衬式预应力钢筒混凝土管是在钢筒内衬以混凝土，钢筒外缠绕预应力钢丝，再敷设砂浆保护层而成。埋置式预应力钢筒混凝土管是将钢筒埋置在混凝土里面，在混凝土管芯上缠绕预应力钢丝，最后在表面敷设砂浆保护层。

19. 刚性接口采用水泥类材料密封或用橡胶圈接口。

【答案】错误

【解析】刚性接口采用水泥类材料密封或用法兰连接的管道接口。

20. 检查井结构主要由基础、井身、井盖、盖座和爬梯组成。

【答案】正确

【解析】检查井结构主要由基础、井身、井盖、盖座和爬梯组成。

21. 直埋供热管道基础主要有天然基础、砂基础和混凝土砂基。

【解析】直埋供热管道基础主要有天然基础、砂基础。

22. 地下铁道与快速轻轨交通统称为快速轨道交通。

【答案】正确

【解析】地下铁道与快速轻轨交通统称为快速轨道交通。

23. 垃圾卫生填埋场防渗系统主流设计采用 HDPE 膜为主防渗材料。

【答案】正确

【解析】目前，垃圾卫生填埋场防渗系统主流设计采用 HDPE 膜为主防渗材料，与辅助防渗材料和保护层共同组成防渗系统。

二、单选题

1. 下列各项不属于街面设施的是（　　）。
   A. 照明灯柱　　　　　　　　B. 架空电线杆
   C. 消火栓　　　　　　　　　D. 道口花坛

【答案】D

【解析】街面设施：微城市公共事业服务的照明灯柱、架空电线杆、消火栓、邮政信箱、清洁箱等。

2. 设置在特大或大城市外环，主要为城镇间提供大流量、长距离的快速交通服务的城镇道路是（　　）。
   A. 快速路　　　　　　　　　B. 次干路
   C. 支路　　　　　　　　　　D. 主干路

【答案】A

【解析】快速路设置在特大或大城市外环，主要为城镇间提供大流量、长距离的快速交通服务，为联系城镇各主要功能分区及为过境交通服务。

3. 以交通功能为主，连接城市各主要分区的干路的是（　　）。
   A. 快速路　　　　　　　　　B. 次干路
   C. 支路　　　　　　　　　　D. 主干路

【答案】D

【解析】主干路应连接城市各主要分区的干路，以交通功能为主，两侧不宜设置吸引大量车流、人流的公共建筑出入口。

4. 以集散交通的功能为主，兼有服务功能的是（　　）。
   A. 快速路　　　　　　　　　B. 次干路
   C. 支路　　　　　　　　　　D. 主干路

【答案】B

【解析】次干路与主干路结合组成城市干路网，是城市中数量较多的一般交通道路，以集散交通的功能为主，兼有服务功能。

5. 以下的功能以解决局部地区交通，以服务功能为主的是（　　）。
   A. 快速路　　　　　　　　　B. 次干路
   C. 支路　　　　　　　　　　D. 主干路

【答案】C

【解析】支路宜与次干路和居住区、工业区、交通设施等内部道路相连接,是城镇交通网中数量较多的道路,其功能以解决局部地区交通,以服务功能为主。

6. 属于城市干路网,是城市中数量较多的一般交通道路的是（   ）。
   A. 快速路   B. 次干路
   C. 支路   D. 主干路

【答案】B

【解析】次干路与主干路结合组成城市干路网,是城市中数量较多的一般交通道路,以集散交通的功能为主,兼有服务功能。

7. 与居住区、工业区等内部道路相连接,是城镇交通网中数量较多的道路的是（   ）。
   A. 快速路   B. 次干路
   C. 支路   D. 主干路

【答案】C

【解析】支路宜与次干路和居住区、工业区、交通设施等内部道路相连接,是城镇交通网中数量较多的道路,其功能以解决局部地区交通,以服务功能为主。

8. 适用于机动车交通量大,车速高,非机动车多的快速路、次干路的是（   ）。
   A. 单幅路   B. 三幅路
   C. 双幅路   D. 四幅路

【答案】D

【解析】城镇道路按道路的断面形式可分为四类和特殊形式,这四类为:单幅路、双幅路、三幅路、四幅路。四幅路适用于机动车交通量大,车速高,非机动车多的快速路、次干路。

9. 单幅路适用于（   ）。
   A. 交通量不大的次干路、支路
   B. 机动车交通量大,车速高,非机动车多的快速路、次干路
   C. 机动车与非机动车交通量均较大的主干路和次干路
   D. 机动车交通量大,车速高,非机动车交通量较少的快速路、次干路

【答案】A

【解析】城镇道路按道路的断面形式可分为四类和特殊形式,这四类为:单幅路、双幅路、三幅路、四幅路。单幅路适用于交通量不大的次干路、支路。

10. 柔性路面在荷载作用下的力学特性是（   ）。
    A. 弯沉变形较大,结构抗弯拉强度较低 B. 弯沉变形较大,结构抗弯拉强度较高
    C. 弯沉变形较小,结构抗弯拉强度较低 D. 弯沉变形较小,结构抗弯拉强度较低

【答案】A

【解析】柔性路面在荷载作用下所产生的弯沉变形较大,路面结构本身抗弯拉强度较低。

11. 下列说法错误的是（   ）。
    A. 要突出显示道路线形的路段,面层宜采用彩色

B. 考虑雨水收集利用的道路，路面结构设计应满足透水性要求
C. 道路经过噪声敏感区域时，宜采用降噪路面
D. 对环保要求较高的路面，不宜采用温拌沥青混凝土

【答案】C

【解析】道路经过景观要求较高的区域或突出显示道路线形的路段，面层宜采用彩色；综合考虑雨水收集利用的道路，路面结构设计应满足透水性要求；道路经过噪声敏感区域时，宜采用降噪路面；对环保要求较高的路段或隧道内的沥青混凝土路面，宜采用温拌沥青混凝土。

12. 由中心向外辐射路线，四周以环路沟通的路网方式是（　　）。
   A. 方格网式　　　　　　B. 环形放射式
   C. 自由式　　　　　　　D. 混合式

【答案】B

【解析】环形放射式是由中心向外辐射路线，四周以环路沟通。环路可分为内环路和外环路，环路设计等级不宜低于主干道。

13. 山丘城市的道路选线通常采用哪种路网方式（　　）。
   A. 方格网式　　　　　　B. 环形放射式
   C. 自由式　　　　　　　D. 混合式

【答案】C

【解析】自由式道路系统多以结合地形为主，路线布置依据城市地形起伏而无一定的几何图形。我国山丘城市的道路选线通常沿山或河岸布设。

14. 考虑到自行车和其他非机动车的爬坡能力，最大纵坡一般不大于（　　）。
   A. 2.5%　　　　　　　　B. 3%
   C. 0.2%　　　　　　　　D. 0.1%

【答案】A

【解析】一般来说，考虑到自行车和其他非机动车的爬坡能力，最大纵坡一般不大于2.5%，最小纵坡应满足纵向排水的要求，一般应不小于0.3%~0.5%。

15. 考虑到自行车和其他非机动车的爬坡能力，下列哪项纵坡坡度符合要求（　　）。
   A. 1.5%　　　　　　　　B. 2.0%
   C. 2.5%　　　　　　　　D. 3.0%

【答案】C

【解析】一般来说，考虑到自行车和其他非机动车的爬坡能力，最大纵坡一般不大于2.5%，最小纵坡应满足纵向排水的要求，一般应不小于0.3%~0.5%。

16. 常用来减少或消除交叉口冲突点的方法没有（　　）。
   A. 交通管制　　　　　　B. 渠化交通
   C. 立体交叉　　　　　　D. 减少交叉口

【答案】D

【解析】为了减少交叉口上的冲突点，保证交叉口的交通安全，常用来减少或消除交叉口冲突点的方法有：交通管制，渠化交通和立体交叉。

17. 下列哪项属于车道宽度的范围（　　）m。

A. 3.5 B. 3
C. 3.8 D. 4

【答案】A

【解析】行车道宽度主要取决于车道数和各车道的宽度。车道宽度一般为 3.5~3.75m。

18. 路基的高度不同，会有不同的影响，下列错误的是（   ）。
    A. 会影响路基稳定 B. 影响路面的强度和稳定性
    C. 影响工程造价 D. 不会影响路面厚度

【答案】D

【解析】路基高度是指路基设计标高与路中线原地面标高之差，称为路基填挖高度或施工高度。路基高度影响路基稳定、路面的强度和稳定性、路面厚度和结构及工程造价。

19. 路基边坡的坡度 m 值对路基稳定其中重要的作用，下列说法正确的是（   ）。
    A. m 值越大，边坡越陡，稳定性越差 B. m 值越大，边坡越缓，稳定性越好
    C. m 值越小，边坡越缓，稳定性越差 D. 边坡坡度越缓越好

【答案】B

【解析】路基边坡坡度对路基稳定起着重要的作用，m 值越大，边坡越缓，稳定性越好，但边坡过缓而暴露面积过大，易受雨、雪侵蚀。

20. 路面通常由一层或几层组成，以下不属于路面组成的是（   ）。
    A. 面层 B. 垫层
    C. 沥青层 D. 基层

【答案】C

【解析】路面是由各种材料铺筑而成的，通常由一层或几层组成，路面可分为面层、垫层和基层。

21. 行车荷载和自然因素对路面的作用会随着路面深度的增大而（   ），材料的强度、刚度和稳定性随着路面深度增大而（   ）。
    A. 减弱，减弱 B. 减弱，增强
    C. 增强，减弱 D. 增强，增强

【答案】A

【解析】路面结构层所选材料应该满足强度、稳定性和耐久性的要求，由于行车荷载和自然因素对路面的作用，随着路面深度的增大而逐渐减弱，因而对路面材料的强度、刚度和稳定性的要求随着路面深度增大而逐渐降低。

22. 磨耗层又称为（   ）。
    A. 路面结构层 B. 面层
    C. 基层 D. 垫层

【答案】B

【解析】磨耗层又称为表面层。

23. 下列材料可作为柔性基层的是（   ）。
    A. 水泥稳定类 B. 石灰稳定类
    C. 二灰稳定类 D. 沥青稳定碎层

【答案】D

【解析】水泥稳定类、石灰稳定类、二灰稳定类基层为刚性，沥青稳定碎层、级配碎石为柔性基层。

24. 当路面结构破损较为严重或承载能力不能满足未来交通需求时，应采用（ ）。
    A. 稀浆封层   B. 薄层加铺
    C. 加铺结构层   D. 新建路面

【答案】C

【解析】当路面结构破损较为严重或承载能力不能满足未来交通需求时，应采用加铺结构层补强。

25. 当路面结构破损严重，或纵、横坡需作较大调整时，宜采用（ ）。
    A. 稀浆封层   B. 薄层加铺
    C. 加铺结构层   D. 新建路面

【答案】D

【解析】当路面结构破损严重，或纵、横坡需作较大调整时，宜采用新建路面，或将旧路面作为新路面结构层的基层或下基层。

26. 缘石平箅式雨水口适用于（ ）。
    A. 有缘石的道路   B. 无缘石的路面
    C. 无缘石的广场   D. 地面低洼聚水处

【答案】A

【解析】缘石平箅式雨水口适用于有缘石的道路。

27. 下列雨水口的间距符合要求的是（ ）m。
    A. 5   B. 15
    C. 30   D. 60

【答案】C

【解析】雨水口的间距宜为25～50m。

28. 起保障行人交通安全和保证人车分流的作用的是（ ）。
    A. 立缘石   B. 平缘石
    C. 人行道   D. 交通标志

【答案】C

【解析】人行道起保障行人交通安全和保证人车分流的作用。

29. 下列不属于桥面系的是（ ）。
    A. 桥面铺装   B. 人行道
    C. 栏杆   D. 系梁

【答案】D

【解析】桥面系包括桥面铺装、人行道、栏杆、排水和防水系统、伸缩缝等。

30. 桥墩是多跨桥的中间支撑结构，主要起（ ）作用。
    A. 支撑   B. 承重
    C. 挡土   D. 连接

【答案】B

【解析】桥台位于桥梁的两端，并与路堤衔接，具有承重、挡土和连接作用，桥墩是多跨桥的中间支撑结构，主要起承重的作用。

31. 将桥梁自重以及桥梁上作用的各种荷载传递和扩散给地基的结构是（　　）。
    A. 支座　　　　　　　　　　　　B. 桥台
    C. 基础　　　　　　　　　　　　D. 桥墩

【答案】C

【解析】桥梁的自重以及桥梁上作用的各种荷载都要通过地基传递和扩散给地基。

32. 下列说法正确的是（　　）。
    A. 桥梁多孔路径总长大于1000m　　B. 单孔路径140m的桥称为特大桥
    C. 多孔路径总长为100m的桥属于大桥　D. 多孔路径总长为30m的桥属于中桥

【答案】A

【解析】按桥梁全长和跨径的不同分为特大桥、大桥、中桥、小桥四类。见表7-1桥梁按总长或路径分类。

桥梁按总长或路径分类　　　　　　　　　　　表7-1

桥梁分类	多孔路径总长 L（m）	单孔路径 L_k（m）
特大桥	$L > 1000$	$L_k > 150$
大桥	$1000 \geq L \geq 100$	$150 \geq L_k \geq 40$
中桥	$100 > L > 30$	$40 > L_k \geq 20$
小桥	$30 \geq L \geq 8$	$20 > L_k \geq 5$

注：1. 单孔跨径系指标准跨径。梁式桥、板式桥以两桥墩中线之间桥中心线长度或桥墩中线与桥台台背前缘线之间桥中心线长度为标准跨径；拱式桥以净跨径为标准跨径。
2. 梁式桥、板式桥的多孔路径总长为多孔标准跨径的总长；拱式桥为两岸桥台起拱线间的距离；其他形式的桥梁为桥面系的行车道长度。

33. 按桥梁力学体系可分为五种基本体系，下列不符合此类的是（　　）。
    A. 梁式桥　　　　　　　　　　　B. 拱式桥
    C. 上承式桥　　　　　　　　　　D. 悬索桥

【答案】C

【解析】按桥梁力学体系可分为梁式桥、拱式桥、刚架桥、悬索桥、斜拉桥五种基本体系。

34. 在竖向荷载作用下无水平反力的结构是（　　）。
    A. 梁式桥　　　　　　　　　　　B. 拱式桥
    C. 刚架桥　　　　　　　　　　　D. 悬索桥

【答案】A

【解析】按桥梁力学体系可分为梁式桥、拱式桥、刚架桥、悬索桥、斜拉桥五种基本体系，梁式桥在竖向荷载作用下无水平反力的结构。

35. 拱桥的制作可以产生（　　）。
    A. 只产生竖向反力　　　　　　　B. 既产生竖向反力，也产生较大的水平推力
    C. 只承受水平推力　　　　　　　D. 承受弯矩、轴力和水平推力

【答案】B

【解析】在竖直荷载作用下，拱桥的支座除产生竖向反力外力外，还产生较大的水平推力。

36. 下列属于偶然作用的是（   ）。
A. 预加应力　　　　　　　　B. 汽车荷载
C. 地震作用　　　　　　　　D. 风荷载

【答案】C

【解析】桥梁设计采用的作用可分为永久作用、偶然作用和可变作用三类，具体见表7-2作用分类表。

作用分类表　　表7-2

编号	分类	名称	编号	分类	名称
1	永久作用	结构重力（包括结构附加重力）	11	可变作用	汽车冲击力
2		预加应力	12		汽车离心力
3		土的重力及土侧压力	13		汽车引起的土侧压力
4		混凝土收缩及徐变影响力	14		人群荷载
5		基础变位作用	15		风荷载
6		水的浮力	16		汽车制动力
7	偶然作用	地震作用	17		流水压力
8		船只或漂流物的撞击作用	18		冰压力
9		汽车撞击作用	19		温度（均匀、梯度）作用
10	可变作用	汽车荷载	20		支座摩擦力

37. 下列跨径适用于整体式简支板桥的是（   ）m。
A. 4　　　　　　　　　　　　B. 8
C. 12　　　　　　　　　　　D. 15

【答案】B

【解析】整体式简支板桥在5.0~10.0m跨径桥梁中得到广泛应用。

38. 装配式预应力混凝土简支T形梁桥的主梁间距一般采用（   ）m。
A. 1.5~3　　　　　　　　　B. 2.5~5
C. 1.8~2.5　　　　　　　　D. 2~5

【答案】C

【解析】装配式预应力混凝土简支T形梁桥的主梁间距一般采用1.8~2.5m。

39. 装配式预应力混凝土简支T形梁桥常用跨径为（   ）m。
A. 20~30　　　　　　　　　B. 25~50
C. 15~50　　　　　　　　　D. 20~50

【答案】B

【解析】装配式预应力混凝土简支T形梁桥的主梁间距一般采用25~50m。

40. 当比值小于（　　）时，连续梁可视为固端梁。
   A. 0.5　　　　　　　　　　　　　B. 0.4
   C. 0.3　　　　　　　　　　　　　D. 0.2

【答案】C

【解析】当比值小于0.3时，连续梁可视为固端梁，两边端支座上将产生负的反力。

41. 等截面连续梁构造简单，用于中小跨径时，梁高为（　　）。
   A. (1/15~1/25) L　　　　　　　　B. (1/12~1/16) L
   C. (1/25~1/35) L　　　　　　　　D. (1/30~1/40) L

【答案】A

【解析】等截面连续梁构造简单，用于中小跨径时，梁高 h = (1/15~1/25) L。

42. 采用顶推法施工时，梁高为（　　）。
   A. (1/15~1/25) L　　　　　　　　B. (1/12~1/16) L
   C. (1/25~1/35) L　　　　　　　　D. (1/30~1/40) L

【答案】B

【解析】采用顶推法施工时，梁高宜较大些，h = (1/12~1/16) L。

43. 当跨径较大时，恒载在连续梁中占主导地位，宜采用变高度梁，跨中梁高为（　　）。
   A. (1/15~1/25) L　　　　　　　　B. (1/12~1/16) L
   C. (1/25~1/35) L　　　　　　　　D. (1/30~1/40) L

【答案】C

【解析】当跨径较大时，恒载在连续梁中占主导地位，宜采用变高度梁，跨中梁高 h = (1/25~1/35) L。

44. 在梁高受限制的场合，连续板梁高为（　　）。
   A. (1/15~1/25) L　　　　　　　　B. (1/12~1/16) L
   C. (1/25~1/35) L　　　　　　　　D. (1/30~1/40) L

【答案】D

【解析】连续板梁高 h = (1/30~1/40) L，宜用于梁高受限制场合。

45. 钢束布置时，下列说法正确的是（　　）。
   A. 正弯矩钢筋置于梁体下部
   B. 负弯矩钢筋则置于梁体下部
   C. 正负弯矩区则上下部不需配置钢筋
   D. 正负弯矩区只需要上部配置钢筋

【答案】A

【解析】钢束布置必须分别考虑结构在试用阶段正弯矩，钢筋置于梁体下部。

46. 当墩身高度大于（　　）m时，可设横系梁加强柱身横向联系。
   A. 5~6　　　　　　　　　　　　　B. 6~7
   C. 7~8　　　　　　　　　　　　　D. 8~9

【答案】B

【解析】当墩身高度大于6~7m时，可设横系梁加强柱身横向联系。

47. 管线平面布置的次序一般是：从道路红线向中心线方向依次为（　　）。
   A. 电力、电信、燃气、供热、中水、给水、雨水、污水
   B. 电力、电信、中水、给水、燃气、供热、雨水、污水
   C. 电力、电信、供热、中水、给水、燃气、雨水、污水
   D. 电力、电信、燃气、中水、给水、供热、雨水、污水

【答案】A

【解析】管线平面布置的次序一般是从道路红线向中心线方向依次为：电力、电信、燃气、供热、中水、给水、雨水、污水。

48. 当市政管线交叉敷设时，自地面向地下竖向的排列顺序一般为（　　）。
   A. 电力、电信、燃气、供热、中水、给水、雨水、污水
   B. 电力、电信、中水、给水、燃气、供热、雨水、污水
   C. 电力、电信、供热、燃气、中水、给水、雨水、污水
   D. 电力、电信、燃气、中水、给水、供热、雨水、污水

【答案】C

【解析】当市政管线交叉敷设时，自地面向地下竖向的排列顺序一般为：电力、电信、供热、燃气、中水、给水、雨水、污水。

49. 混凝土管适用于（　　）。
   A. 橡胶圈接口　　　　　　　　B. 焊接接口
   C. 法兰接口　　　　　　　　　D. 化学粘合剂接口

【答案】A

【解析】橡胶圈接口：适用于混凝土管、球墨铸铁管和化学建材管。

50. 当管底地基土质松软、承载力低或铺设大管径的钢筋混凝土管道时，应采用（　　）。
   A. 天然基础　　　　　　　　　B. 砂垫层基础
   C. 混凝土基础　　　　　　　　D. 沉井基础

【答案】C

【解析】当管底地基土质松软、承载力低或铺设大管径的钢筋混凝土管道时，应采用混凝土基础。

51. 下列不属于柔性管道失效由变形造成的有（　　）。
   A. 钢管　　　　　　　　　　　B. 钢筋混凝土管
   C. 化学建材管　　　　　　　　D. 柔型接口的球墨铸铁铁管道

【答案】B

【解析】管道失效由管壁强度控制：如钢筋混凝土管、预应力混凝土管等。由变形造成，而不是管壁的破坏：如钢管、化学建材管和柔性接口的球墨铸铁管。

52. F形管接口又称为（　　）。
   A. 平口管　　　　　　　　　　B. 企口管
   C. 钢承口管　　　　　　　　　D. 金属管

【答案】C

【解析】钢承口管接口形式是把钢套环的前面一半埋入到混凝土管中去，又称为F形

管接口。

53. 关于柔性接口说法正确的是（ ）。
   A. 多为水泥类材料密封或用法兰连接的管道接口
   B. 不能承受一定量的轴向线变位
   C. 能承受一定量的轴向线变位
   D. 一般用在有条形基础的无压管道上

【答案】C

【解析】柔性接口多为橡胶圈接口，能承受一定量的轴向线变位和相对角变位且不引起渗漏的管道接口，一般用在抗地基变形的无压管道上。

54. 高压和中压 A 燃气管道，应采用（ ）。
   A. 钢管   B. 钢管或机械接口铸铁管
   C. 机械接口铸铁管   D. 聚乙烯管材

【答案】A

【解析】高压和中压 A 燃气管道，应采用钢管；中压 B 或低压燃气管道，宜采用钢管或机械接口铸铁管。

55. 市政供热管网一般有蒸汽管网和热水管网两种形式，需要用热水管网的是（ ）。
   A. 工作压力不大于1.6MPa，介质温度不大于350℃
   B. 工作压力不大于2.5MPa，介质温度不大于200℃
   C. 工作压力不大于1.6MPa，介质温度不大于200℃
   D. 工作压力不大于2.5MPa，介质温度不大于350℃

【答案】B

【解析】市政供热管网一般有蒸汽管网和热水管网两种形式，工作压力不大于1.6MPa，介质温度不大于350℃的蒸汽管网；工作压力不大于2.5MPa，介质温度不大于200℃的热水管网。

56. 供热管道上的阀门，起流量调节作用的阀门是（ ）。
   A. 截止阀   B. 闸阀
   C. 蝶阀   D. 单向阀

【答案】C

【解析】供热管道上的阀门通常有三种类型，1）起开启或关闭作用的阀门，如截止阀、闸阀；2）起流量调节作用的阀门，如蝶阀；3）起特殊作用的阀门，如单向阀、安全阀等。

57. 下列交通方式既可作为中小城市轨道交通网络的主干线，也可作为大城市轨道交通网络的补充的是（ ）。
   A. 地下铁道   B. 轻轨交通
   C. 独轨交通   D. 有轨电车

【答案】B

【解析】轻轨交通既可作为中小城市轨道交通网络的主干线，也可作为大城市轨道交通网络的补充。

58. 下列选项中适宜在市区较窄的街道上建造高架线路的是（ ）。

A. 地下铁道 B. 轻轨交通
C. 独轨交通 D. 有轨电车

【答案】C

【解析】独轨交通适宜于在市区较窄的街道上建造高架线路，一般用于运动会、体育场、机场和大型展览会等场所与失去的短途联系。

59. 轨道一般采用的标准轨距是（　　）mm。
A. 1430 B. 1435
C. 1450 D. 1455

【答案】B

【解析】轨道一般采用1435mm标准轨距。

60. 地面正线宜采用（　　）。
A. 短枕式整体道床 B. 长枕式整体道床
C. 高架桥上整体道床 D. 混凝土枕碎石道床

【答案】D

【解析】地面正线宜采用混凝土枕碎石道床，基底坚实、稳定，排水良好的地面车站地段可采用整体道床。

61. 车场库内线应采用（　　）。
A. 短枕式整体道床 B. 长枕式整体道床
C. 高架桥上整体道床 D. 混凝土枕碎石道床

【答案】A

【解析】车场库内线应采用短枕式整体道床。

62. 线路中心距离一般建筑物小于（　　）m，宜采用高级减振的轨道结构。
A. 10 B. 15
C. 20 D. 25

【答案】C

【解析】线路中心距离一般建筑物小于20m及穿越地段，宜采用高级减振的轨道结构。

63. 下列不属于盖挖法的优点的是（　　）。
A. 围护结构变形小
B. 基坑底部土体稳定，隆起小，施工安全
C. 不设内部支撑，施工空间大
D. 施工难度小，费用低

【答案】D

【解析】盖挖法具有诸多优点：围护结构变形小，能够有效控制周围土体的变形和地表沉降；基坑底部土体稳定，隆起小，施工安全；盖挖逆作法施工一般不设内部支撑，施工空间大；可尽快恢复路面，对交通影响较小。

64. 对于单跨隧道，当开挖宽小于12m时，应采用（　　）。
A. 台阶开挖法 B. CD法
C. CRD法 D. 双侧壁导坑法

【答案】A

【解析】对于单跨隧道,当开挖宽小于12m时,应采用台阶开挖法。

65. 对于单跨隧道,当开挖宽12~22m时,应采用（　　）。
   A. 台阶开挖法　　　　　　　　B. CD法
   C. CRD法　　　　　　　　　　D. 双侧壁导坑法

【答案】D

【解析】对于单跨隧道,当开挖宽12~22m时,应采用双侧壁导坑法。

66. Y形桥墩结合了T形桥墩和双柱式墩的优点,（　　）。
   A. 上部双柱式,下部单柱式　　B. 上部双柱式,下部双柱式
   C. 上部单柱式,下部单柱式　　D. 上部单柱式,下部双柱式

【答案】A

【解析】Y形桥墩结合了T形桥墩和双柱式墩的优点,下部成单柱式,占地少,有利于桥下交通,透空性好,而上部成双柱式,对盖梁工作条件有利。

67. 我国城市垃圾的处理方式的基本方式是（　　）。
   A. 焚烧场　　　　　　　　　　B. 有机堆肥场
   C. 封闭型填埋场　　　　　　　D. 开放型填埋场

【答案】C

【解析】我国城市垃圾的处理方式基本采用封闭型填埋场,封闭型垃圾填埋场是目前我国通行的填埋类型。

68. 垃圾卫生填埋场填埋区工程的结构层次从上至下主要为（　　）。
   A. 基础层、防渗系统、渗沥液收集导排系统
   B. 防渗系统、基础层、渗沥液收集导排系统
   C. 渗沥液收集导排系统、基础层、防渗系统
   D. 渗沥液收集导排系统、防渗系统、基础层

【答案】D

【解析】垃圾卫生填埋场填埋区工程的结构层次从上至下主要为渗沥液收集导排系统、防渗系统、基础层。

69. 当电线电压为154~220kV时,树木至架空电线净距的最小水平距离是（　　）m。
   A. 1　　　　　　　　　　　　B. 2
   C. 3.5　　　　　　　　　　　D. 4

【答案】C

【解析】当电线电压为154~220kV时,树木至架空电线净距的最小水平距离是3.5m。

70. 当电线电压为330kV时,树木至架空电线净距的最小水平距离是（　　）m。
   A. 1　　　　　　　　　　　　B. 2
   C. 3.5　　　　　　　　　　　D. 4

【答案】D

【解析】当电线电压为330kV时,树木至架空电线净距的最小水平距离是4m。

71. 当电线电压为154~220kV时,树木至架空电线净距的最小垂直距离是（　　）m。
   A. 1.5　　　　　　　　　　　B. 3

C. 3.5　　　　　　　　　　　　　　D. 4.5

【答案】C

【解析】当电线电压为154～220kV时，树木至架空电线净距的最小垂直距离是3.5m。

72. 当电线电压为330kV时，树木至架空电线净距的最小垂直距离是（　　）m。
A. 1.5　　　　　　　　　　　　　　B. 3
C. 3.5　　　　　　　　　　　　　　D. 4.5

【答案】D

【解析】当电线电压为330kV时，树木至架空电线净距的最小垂直距离是4.5m。

73. 建筑物外墙（有窗）距乔木中心的平面距离不小于（　　）m。
A. 1　　　　　　　　　　　　　　　B. 2
C. 3　　　　　　　　　　　　　　　D. 4

【答案】D

【解析】建筑物外墙（有窗）距乔木中心的平面距离不小于4m。

74. 道路路面边缘距乔木中心平面距离不小于（　　）m。
A. 1　　　　　　　　　　　　　　　B. 2
C. 3　　　　　　　　　　　　　　　D. 4

【答案】A

【解析】道路路面边缘距乔木中心平面距离不小于1m。

75. 人行道路面边缘距乔木中心平面距离不小于（　　）m。
A. 1　　　　　　　　　　　　　　　B. 2
C. 3　　　　　　　　　　　　　　　D. 4

【答案】B

【解析】人行道路面边缘距乔木中心平面距离不小于2m。

76. 行道树与机动车交叉口的最小距离为（　　）m。
A. 10　　　　　　　　　　　　　　B. 14
C. 30　　　　　　　　　　　　　　D. 50

【答案】C

【解析】行道树与机动车交叉口的最小距离为30m。

77. 行道树与机动车道与非机动车道交叉口的最小距离是（　　）m。
A. 10　　　　　　　　　　　　　　B. 14
C. 30　　　　　　　　　　　　　　D. 50

【答案】A

【解析】行道树与机动车道与非机动车道交叉口的最小距离是10m。

78. 乔木、大灌木在栽植后均应支撑，非栽植季节栽植，最大程度的强修剪应至少保留树冠的（　　）。
A. 1/2　　　　　　　　　　　　　　B. 1/4
C. 1/3　　　　　　　　　　　　　　D. 1/5

【答案】C

【解析】乔木、大灌木在栽植后均应支撑，非栽植季节栽植，应按不同树种采取相应的技术措施。最大程度的强修剪应至少保留树冠的1/3。

79. 建植的草坪质量要求：草坪的覆盖度应达到（ ）。
A. 80%
B. 85%
C. 90%
D. 95%

【答案】D

【解析】建植的草坪质量要求：草坪的覆盖度应达到95%，集中空秃不得超过1m²。

三、多选题

1. 城镇道路工程由下列哪些构成（ ）。
A. 机动车道
B. 人行道
C. 分隔带
D. 伸缩缝
E. 排水设施

【答案】ABCE

【解析】城镇道路由机动车道、人行道、分隔带、排水设施、交通设施和街面设施等组成。

2. 下列属于交通辅助性设施的是（ ）。
A. 道口花坛
B. 人行横道线
C. 分车道线
D. 信号灯
E. 分隔带

【答案】ABCD

【解析】交通辅助性设施：为组织指挥交通和保障维护交通安全而设置的辅助性设施。如：信号灯、标志牌、安全岛、道口花坛、护栏、人行横道线、分车道线及临时停车场和公共交通车辆停靠站等。

3. 道路两侧不宜设置吸引大量车流、人流的公共建筑出入口的是（ ）。
A. 快速路
B. 主干路
C. 次干路
D. 支路
E. 街坊路

【答案】AB

【解析】快速路和主干路两侧不宜设置吸引大量车流、人流的公共建筑出入口。

4. 每类道路按城市规模、交通量、地形等可分为三级，下列说法正确的是（ ）。
A. 大中市应采用Ⅰ级标准
B. 大城市采用Ⅰ级标准
C. 中等城市采用Ⅱ级标准
D. 小城镇采用Ⅲ级标准
E. 特大城市采用Ⅰ级标准

【答案】BCD

【解析】除快速路外，每类道路按照所在城市的规模、涉及交通量、地形等分为Ⅰ、Ⅱ、Ⅲ级。大城市应采用各类道路中的Ⅰ级标准，中等城市应采用Ⅱ级标准，小城镇应采用Ⅲ级标准。

5. 下列有关道路断面形式的说法正确的是（ ）。
A. 单幅路适用于分流向，机、非混合行驶

B. 三幅路适用于机动车与非机动车分道行驶

C. 双幅路适用于机动车交通量大，非机动车交通量较少的主干路、次干路

D. 单幅路适用于交通量不大的次干路和支路

E. 四幅路适用于机动车交通量大，非机动车交通量较少的快速路、次干路

【答案】BCD

【解析】城镇道路按道路的断面形式可分为四类和特殊形式，这四类为：单幅路、双幅路、三幅路、四幅路。其各自的适用范围见表7-3。

城市道路等级、路面结构与使用年限（年）　　　　表7-3

道路等级	路面结构类型		
	沥青路面	水泥混凝土路面	砌块路面
快速路	15	30	—
主干路	15	30	—
次干路	15	20	—
支路	10	20	10（石材20）

6. 城市道路的横断面由以下几部分组成（　　）。

A. 车行道　　　　　　　　B. 人行道

C. 绿化带　　　　　　　　D. 分车带

E. 支路

【答案】ABCD

【解析】城市道路的横断面由车行道、人行道、绿化带和分车带等部分组成。

7. 道路的平面线形主要由以下哪些构成（　　）。

A. 曲线　　　　　　　　　B. 直线

C. 圆曲线　　　　　　　　D. 缓和曲线

E. 平行线

【答案】BC

【解析】道路的平面线形，通常指的是道路中线的平面投影，主要由直线和圆曲线两部分组成。对于等级较高的路线，在直线和圆曲线之间还要插入缓和曲线。

8. 路面通常由一层或几层组成，以下属于路面组成的是（　　）。

A. 面层　　　　　　　　　B. 垫层

C. 磨耗层　　　　　　　　D. 基层

E. 沥青层

【答案】ABCD

【解析】路面是由各种材料铺筑而成的，通常由一层或几层组成，路面可分为面层、垫层和基层，磨耗层又称为表面层。

9. 基层应满足一下哪些要求（　　）。

A. 强度　　　　　　　　　B. 耐久性

C. 扩散荷载的能力 D. 水稳定性
E. 抗冻性

【答案】ACDE

【解析】基层应满足强度、扩散荷载的能力以及水稳定性和抗冻性的要求。

10. 下列基层属于半刚性的是（　　）。
   A. 水泥稳定类 B. 石灰稳定类
   C. 二灰稳定类 D. 沥青稳定碎层
   E. 级配碎石

【答案】ABC

【解析】水泥稳定类、石灰稳定类、二灰稳定类基层为刚性，沥青稳定碎层、级配碎石为柔性基层。

11. 道路交通标志主要包括三要素，分别是（　　）。
   A. 图案 B. 文字
   C. 色彩 D. 形状
   E. 符号

【答案】CDE

【解析】道路交通标志主要包括色彩、形状和符号三要素。

12. 道路交通主标志可分为（　　）。
   A. 警告标志 B. 禁令标志
   C. 指示标志 D. 指路标志
   E. 辅助标志

【答案】ABCD

【解析】道路交通主标志可分为下列四类：警告标志、禁令标志、指示标志、指路标志。

13. 按上部结构的行车道位置桥梁可分为（　　）。
   A. 上承式 B. 下承式
   C. 中承式 D. 梁式桥
   E. 刚架桥

【答案】ABC

【解析】按上部结构的行车道位置桥梁可分为上承式、下承式和中承式。

14. 按桥梁全长和跨径不同可分为（　　）。
   A. 特大桥 B. 大桥
   C. 中桥 D. 小桥
   E. 拱桥

【答案】ABCD

【解析】按桥梁全长和跨径的不同分为特大桥、大桥、中桥、小桥四类。

15. 下列说法正确的是（　　）。
   A. 桥梁多孔路径总长大于1000m
   B. 单孔路径140m的桥称为特大桥

C. 多孔路径总长为100m的桥属于大桥
D. 多孔路径总长为30m的桥属于小桥
E. 单孔路径为30m的属于中桥

【答案】ACDE

【解析】按桥梁全长和跨径的不同分为特大桥、大桥、中桥、小桥四类。见表7-1 桥梁按总长或路径分类。

16. 下列属于永久作用的是（ ）。
A. 结构重力   B. 预加应力
C. 混凝土收缩   D. 汽车荷载
E. 基础变位作用

【答案】ABE

【解析】桥梁设计采用的作用可分为永久作用、偶然作用和可变作用三类，具体见表7-2 作用分类表。

17. 下列属于可变作用的是（ ）。
A. 水的浮力   B. 预加应力
C. 人群荷载   D. 汽车荷载
E. 温度作用

【答案】CDE

【解析】桥梁设计采用的作用可分为永久作用、偶然作用和可变作用三类，具体见表7-2 作用分类表。

18. 柱式桥墩包括以下哪些部分（ ）。
A. 承台   B. 立柱
C. 盖梁   D. 墩帽
E. 墩身

【答案】ABC

【解析】柱式桥墩是由基础之上的承台、分离的立柱和盖梁组成，是目前城市桥梁中广泛采用的桥墩形式之一。

19. 柱式桥墩常用的形式有（ ）。
A. 单柱式   B. 空心柱式
C. 双柱式   D. 哑铃式
E. 混合双柱式

【答案】ACDE

【解析】柱式桥墩常用的形式有单柱式、双柱式、哑铃式和混合双柱式。

20. 梁桥桥台按构造可分为（ ）。
A. 重力式桥台   B. 轻型桥台
C. 框架式桥台   D. 组合式桥台
E. 钢筋混凝土桥台

【答案】ABCD

【解析】梁桥桥台按构造可分为重力式桥台、轻型桥台、框架式桥台和组合式桥台。

21. 常用的沉入桩有（　　）。
    A. 人工挖孔桩　　　　　　　　B. 钢筋混凝土桩
    C. 预应力混凝土桩　　　　　　D. 钢管桩
    E. 钻孔灌注桩

【答案】BCD

【解析】常用的沉入桩有钢筋混凝土桩、预应力混凝土桩、钢管桩。

22. 给水常用的管材有钢管有（　　）。
    A. 球墨铸铁管　　　　　　　　B. 钢筋混凝土压力管
    C. 预应力钢筒混凝土管　　　　D. 普通塑料管
    E. 化学建材管

【答案】ABCE

【解析】给水常用的管材有钢管、球墨铸铁管、钢筋混凝土压力管、预应力钢筒混凝土管、化学建材管。

23. 可采用水泥砂浆抹带接口的有（　　）。
    A. 混凝土平口管　　　　　　　B. 企口管
    C. 承插管　　　　　　　　　　D. 球墨铸铁管
    E. 化学建材管

【答案】ABC

【解析】水泥砂浆抹带接口属于刚性接口，使用与地基土质较好的雨水管道，混凝土平口管、企口管和承插管等可采用此接口形式。

24. 柔性接口适用于（　　）。
    A. 混凝土平口管　　　　　　　B. 企口管
    C. 承插管　　　　　　　　　　D. 球墨铸铁管
    E. 化学建材管

【答案】CDE

【解析】柔性接口适用于地基土质较差、有不均匀沉降或地震区。承插式混凝土管、球墨铸铁管和化学建材管可采用此接口形式。

25. 化学建材管可采用以下哪些接口形式（　　）。
    A. 柔性接口　　　　　　　　　B. 焊接接口
    C. 法兰接口　　　　　　　　　D. 化学粘合剂接口
    E. 刚性接口

【答案】ABCD

【解析】柔型接口：承插式混凝土管、球墨铸铁管和化学建材管可采用此接口形式；焊接接口：适用于PCCP管和化学建材管；法兰接口：适用于PCCP管和化学建材管；化学粘合剂接口：适用于化学建材管。

26. 活动支架可分为（　　）。
    A. 滑动支架　　　　　　　　　B. 导向支架
    C. 滚动支架　　　　　　　　　D. 悬吊支架
    E. 平移支架

【答案】ABCD

【解析】活动支架可分为：滑动支架、导向支架、滚动支架和悬吊支架等四种形式。

27. 按照运能范围和车辆类型划分，城市轨道交通可分为（   ）。
   A. 地下铁道   B. 轻轨交通
   C. 独轨交通   D. 有轨电车
   E. 地上铁道

【答案】ABCD

【解析】按照运能范围和车辆类型划分，城市轨道交通可分为：地下铁道、独轨交通、轻轨交通、有轨电车。

28. 对于单跨隧道浅埋暗挖方法，当开挖宽 12～16m 时，应选择（   ）。
   A. 台阶开挖法   B. CD 法
   C. CRD 法   D. PBA 法
   E. 双侧壁导坑法

【答案】BCD

【解析】对于单跨隧道浅埋暗挖方法，当开挖宽 12～16m 时，应选择 CD 法、CRD 法、PBA 法。

29. 拱形结构一般用于（   ）。
   A. 单跨单层   B. 双跨单层
   C. 单跨双层   D. 双跨双层
   E. 三跨结构

【答案】AC

【解析】拱形结构一般用于站台宽度较窄的单跨单层或单跨双层车站。

30. 明挖区间隧道结构通常采用（   ）。
   A. 矩形断面   B. 拱形断面
   C. 整体浇筑   D. 装配式结构
   E. 复合式衬砌结构

【答案】ACD

【解析】明挖区间隧道结构通常采用矩形断面，整体浇筑或装配式结构。

31. 下列说法正确的是（   ）。
   A. 填埋场与居民区的最短距离为 300m
   B. 生活垃圾填埋场应设在当地夏季主导风向的上风向
   C. 生活垃圾填埋场应设在当地夏季主导风向的下风向
   D. 必须远离饮用水源，尽量少占良田
   E. 填埋场垃圾运输、填埋作业、运营管理必须严格执行相关规范规定

【答案】CDE

【解析】垃圾填埋场必须远离饮用水源，尽量少占良田，利用荒地、利用当地地形。一般选择在远离居民区的位置，填埋场与居民区的最短距离为 500m；生活垃圾填埋场应设在当地夏季主导风向的下风向；填埋场垃圾运输、填埋作业、运营管理必须严格执行相关规范规定。

32. 假山按材料可分为（   ）。

A. 土假山   B. 石假山
C. 凿山   D. 塑山
E. 石土混合假山

【答案】ABE

【解析】假山按材料可分为土假山、石假山、石土混合假山。

第八章 市政工程预算的基本知识

一、判断题

1. 多数企业施工定额都是保密的，通常不向社会公布。

【答案】正确

【解析】大型企业通常会编制企业的施工定额，但多数企业施工定额都是保密的，通常不向社会公布。

2. 分部工程是分项工程的组成部分，若干个分部工程合在一起就形成一个分项工程。

【答案】错误

【解析】分项工程是分部工程的组成部分，若干个分项工程合在一起就形成一个分部工程。

3. 人行道的检验批划分为每侧流水施工段作为一个检验批为宜。

【答案】错误

【解析】人行道的检验批划分为每侧路段300~500m作为一个检验批为宜。

4. 松填方按松填后的体积计算。

【答案】正确

【解析】松填方按松填后的体积计算。

5. 借土填方为利用挖方的填方，利用土填方为外进土的填方。

【答案】错误

【解析】借土填方为外进土的填方，利用土填方为利用挖方的填方。

6. 钢筋混凝土管桩按桩长度乘以桩横断面面积。

【答案】错误

【解析】钢筋混凝土方桩、板桩按桩长度乘以桩横断面面积计算；钢筋混凝土管桩按桩长度乘以桩横断面面积，减去空心部分体积计算。

7. 用低碳钢丝制作的箍筋，其弯钩的弯曲直径不应大于受力钢筋直径，且不小于箍筋直径的5倍。

【答案】错误

【解析】用低碳钢丝制作的箍筋，其弯钩的弯曲直径不应大于受力钢筋直径，且不小于箍筋直径的2.5倍。

8. 从市场交易的角度而言，工程造价是指建设一项工程预期开支或实际开支的全部固定资产投资费用。

【答案】错误

【解析】从市场交易的角度而言，工程造价是指为建成一项工程，预计或实际在土地市场、设备市场、技术劳务市场及工程承发包市场等交易活动中所形成的建筑安装工程价格和建设工程总价格。

9. 工程量清单计价方法必须在发出招标文件之前编制。

【答案】正确

【解析】工程量清单计价方法必须在发出招标文件之前编制。

10. 使用国有资金投资的建设工程发承包，必须采用定额计价。

【答案】错误

【解析】使用国有资金投资的建设工程发承包，必须采用工程量清单计价。

11. 规费和税金必须按国家或省级、行业建设主管部门的规定计算，不得作为竞争性费用。

【答案】正确

【解析】规费和税金必须按国家或省级、行业建设主管部门的规定计算，不得作为竞争性费用。

12. 工程量清单计价的合同价款的调整方式包括变更签证和政策性调整等。

【答案】错误

【解析】工程量清单计价的合同价款的调整方式主要是索赔。

二、单选题

1. 劳动消耗定额又称（   ）。
   A. 人工消耗定额   B. 材料消耗定额
   C. 机械台班消耗定额   D. 施工定额

【答案】A

【解析】劳动定额也称为人工定额。

2. （   ）作为确定工程造价的主要依据，是计算标底和确定报价的主要依据。
   A. 劳动定额   B. 施工定额
   C. 预算定额   D. 概算定额

【答案】C

【解析】预算定额作为确定工程造价的主要依据，是计算标底和确定报价的主要依据。

3. 以下哪项是以整个构筑物为对象，而规定人工、机械与材料的耗用量及其费用标准（   ）。
   A. 概算定额   B. 施工定额
   C. 预算定额   D. 概算指标

【答案】D

【解析】概算指标是以整个构筑物为对象，或以一定数量面积（或长度）为计量单位，而规定人工、机械与材料的耗用量及其费用标准。

4. 以下哪项既是企业编制施工组织设计的依据，又是企业编制施工作业计划的依据（   ）。
   A. 概算定额   B. 施工定额
   C. 预算定额   D. 概算指标

【答案】B

【解析】施工定额在企业计划管理方面的作用，既是企业编制施工组织设计的依据，又是企业编制施工作业计划的依据。

5. 管道沟槽的深度按基础的形式和埋深分别计算，枕基的计算方法是（　　）。
A. 原地面高程减设计管道基础底面高程
B. 原地面高程减设计管道基础底面高程加管壁厚度
C. 原地面高程减设计管道基础底面高程加垫层厚度
D. 原地面高程减设计管道基础底面高程减管壁厚度

【答案】B

【解析】管道沟槽的深度按基础的形式和埋深分别计算，带基按枕基的计算方法是原地面高程减设计管道基础底面高程，设计有垫层的，还应加上垫层的厚度；枕基按原地面高程减设计管道基础底面高程加管壁厚度。

6. 工程量均以施工图为准计算，下列说法错误的是（　　）。
A. 砌筑按计算体积，以立方米计算抹灰和勾缝
B. 各种井的预制构件以实体积计算
C. 井、渠垫层、基础按实体积以立方米计算
D. 沉降缝应区分材质，按沉降缝的断面积或铺设长分别以平方米和米计算

【答案】A

【解析】工程量均以施工图为准计算：砌筑按计算体积，以立方米计算抹灰，勾缝以平方米计算；各种井的预制构件以实体积计算；井、渠垫层、基础按实体积以立方米计算；沉降缝应区分材质，按沉降缝的断面积或铺设长分别以平方米和米计算。

7. 下列关于保护层厚度的说法错误的是（　　）。
A. 当混凝土强度等级不低于C20且施工质量可靠保证，其保护层厚度可按相应规范中减少5mm
B. 预制构件中的预应力钢筋保护层厚度不应小于25mm
C. 钢筋混凝土受弯构件，钢筋端头的保护层厚度一般为10mm
D. 板、墙、壳中分布钢筋的保护层厚度不应小于10mm

【答案】D

【解析】当混凝土强度等级不低于C20且施工质量可靠保证，其保护层厚度可按相应规范中减少5mm，但预制构件中的预应力钢筋保护层厚度不应小于25mm；钢筋混凝土受弯构件，钢筋端头的保护层厚度一般为10mm；板、墙、壳中分布钢筋的保护层厚度不应小于15mm。

8. 下列有关工程量计算错误的是（　　）。
A. 计算单位要和套用的定额项目的计算单位一致
B. 相同计量单位只有一种计算方法
C. 注意计算包括的范围
D. 注意标准要符合定额的规定

【答案】B

【解析】工程量的计算必须符合概预算定额规定的计算规则和方法，应注意：计算单位要和套用的定额项目的计算单位一致；相同计量单位有不同的计算方法；注意计算包括的范围；注意标准要符合定额的规定。

9. 使用国有资金投资的建设工程发承包，必须采用（　　）计价。

A. 施工定额 B. 预算定额
C. 概算定额 D. 工程量清单

【答案】D

【解析】使用国有资金投资的建设工程发承包，必须采用工程量清单计价。

三、多选题

1. 按用途分类，市政工程定额可分为（　　）。
   A. 劳动定额 B. 施工定额
   C. 预算定额 D. 概算定额
   E. 概算指标

【答案】BCDE

【解析】按用途分类，市政工程定额可分为：施工定额、概算定额、预算定额和概算指标。

2. 预算定额包括（　　）。
   A. 劳动定额 B. 材料消耗定额
   C. 机械台班使用定额 D. 时间定额
   E. 产量定额

【答案】ABC

【解析】预算定额包括：劳动定额、材料消耗定额和机械台班使用定额。

3. 按执行范围或按主编单位分类，可分为（　　）。
   A. 全国统一定额 B. 地区定额
   C. 地区施工定额 D. 企业施工定额
   E. 企业定额

【答案】ABC

【解析】按执行范围或按主编单位分类，可分为：全国统一定额、地区定额、地区施工定额。

4. 市政工程定额的作用主要有（　　）。
   A. 有利于节约社会劳动和提高生产率 B. 为企业编制施工组织设计提供依据
   C. 有利于建筑市场公平竞争 D. 有利于市场行为的规范
   E. 有利于完善市场的信息系统

【答案】ACDE

【解析】市政工程定额的作用主要有：有利于节约社会劳动和提高生产率；有利于建筑市场公平竞争；有利于市场行为的规范；有利于完善市场的信息系统。

5. 道路路基工程的分项工程包括（　　）。
   A. 土方路基 B. 石方路基
   C. 沥青碎石基层 D. 路基处理
   E. 路肩

【答案】ABDE

【解析】道路路基工程的分项工程包括：土方路基、石方路基、路基处理、路肩。

6. 下列关于沟槽底宽计算方法正确的是（　　）。
A. 排水管道底宽按其管道基础宽度加两侧工作面宽度计算
B. 给水燃气管道沟槽底宽按其管道基础宽度加两侧工作面宽度计算
C. 给水燃气管道沟槽底宽按管道外径加两侧工作面宽度计算
D. 支挡土板沟槽底宽除按规定计算外，每边另加 0.1m
E. 支挡土板沟槽底宽除按规定计算外，每边另减 0.1m

【答案】ACD

【解析】排水管道底宽按其管道基础宽度加两侧工作面宽度计算；给水燃气管道沟槽底宽按管道外径加两侧工作面宽度计算；支挡土板沟槽底宽除按规定计算外，每边另加 0.1m。

7. 下列关于土石方运输计算正确的是（　　）。
A. 推土机的运距按挖填方区的重心之间的直线距离计算
B. 铲运机运距按循环运距的 1/3
C. 铲运机运距按挖方区至弃土区重心之间的直线距离
D. 铲运机运距按挖方区至弃土区重心之间的直线距离，另加转向运距 45m
E. 自卸汽车运距按循环路线的 1/2 距离计算

【答案】ADE

【解析】推土机的运距按挖填方区的重心之间的直线距离计算；铲运机运距按循环运距的 1/2 或挖方区至弃土区重心之间的直线距离，另加转向运距 45m；自卸汽车运距按挖方区重心至弃土区重心之间的实际行驶距离计算或按循环路线的 1/2 距离计算。

8. 对原路面以下的路床部分说法正确的是（　　）。
A. 全部为换填土
B. 全部为填方
C. 部分为换填土、部分为填方
D. 以原地面线和路基顶面线较低者为界进行计算
E. 以原地面线和路基顶面线较高者为界进行计算

【答案】CD

【解析】路床填土部分属于换填土、部分属于填方，应当以原地面线盒路基顶面线较低者为界进行分别计算。

9. 下列关于交通管理设施正确的是（　　）。
A. 标牌制作按不同板形以平方米计算　　B. 标杆制作按不同杆式类型以吨计算
C. 门架制作以平方米计算　　　　　　　D. 图案、文字按最大外围面积计算
E. 双柱杆以吨计算

【答案】ABDE

【解析】标牌制作按不同板形以平方米计算；标杆制作按不同杆式类型以吨计算；门架制作综合各种类型以吨计算；图案、文字按最大外围面积计算；双柱杆以吨计算。

10. 下列说法正确的是（　　）。
A. 钢筋混凝土方桩、板桩按桩长度乘以桩横断面面积计算
B. 钢筋混凝土管桩按桩长度乘以桩横断面面积

C. 钢筋混凝土管桩按桩长度乘以桩横断面面积，减去空心部分体积计算
D. 现浇混凝土工程量以实体积计算，不扣除钢筋、钢丝、铁件等所占体积
E. 预制混凝土计算中空心板梁的堵头板体积不计入工程量内

【答案】ACDE

【解析】钢筋混凝土方桩、板桩按桩长度乘以桩横断面面积计算；钢筋混凝土管桩按桩长度乘以桩横断面面积，减去空心部分体积计算；现浇混凝土工程量以实体积计算，不扣除钢筋、钢丝、铁件等所占体积；预制混凝土计算中空心板梁的堵头板体积不计入工程量内。

11. 计算工程量单价的价格依据包括（　　）。
  A. 概算定额　　　　　　　　B. 人工单价
  C. 材料价格　　　　　　　　D. 材料运杂费
  E. 机械台班费

【答案】BCDE

【解析】计算工程量单价的价格依据包括人工单价、材料价格、材料运杂费和机械台班费。

12. 工程量清单计价的特点有（　　）。
  A. 满足竞争的需要　　　　　B. 竞争条件平等
  C. 有利于工程款的拨付　　　D. 有利于避免风险
  E. 有利于建设单位对投资的控制

【答案】ABCE

【解析】工程量清单计价的特点有满足竞争的需要；竞争条件平等；有利于工程款的拨付；有利于建设单位对投资的控制。

第九章 计算机和相关管理软件的应用知识

一、判断题

1. 控制面板是对 Windows 进行管理控制的中心。

【答案】正确

【解析】控制面板是对 Windows 进行管理控制的中心。

2. Word 文本中可以插入图片，但不能进行编辑。

【答案】正确

【解析】插入图片后，可以改变图形尺寸。

3. Exel 表格可以进行不同单元填充相同的数据。

【答案】正确

【解析】不同的单元格填充相同的数据：鼠标单击单元格，移动鼠标指针至单元格右下角，按下鼠标左键，拖动鼠标向右一定的距离后释放鼠标。

4. 绝对坐标是指相对于当前坐标系原点的坐标。

【答案】正确

【解析】绝对坐标是指相对于当前坐标系原点的坐标。包括绝对直角坐标和绝对极坐标。

5. AutoCAD 是一款绘图软件。

【答案】错误

【解析】AutoCAD 是一款工具软件，通常用来绘制建筑平、立、剖面图、节点图等。

6. 管理软件既可以将多个层次的主体集中于一个协同的管理平台上，也可以应用于单项、多项目组合管理。

【答案】正确

【解析】管理软件既可以将集团、企业、分子公司、项目部等多个层次的主体集中于一个协同的管理平台上，也可以应用于单项、多项目组合管理，达到两级管理、三级管理、多记管理多种模式。

二、单选题

1. （　　）是一款工具软件，通常用来绘制建筑平、立、剖面图、节点图等。
A. Exel
B. Word
C. Office
D. AutoCAD

【答案】D

【解析】AutoCAD 是一款工具软件，通常用来绘制建筑平、立、剖面图、节点图等。

三、多选题

1. AutoCAD 的常用命令包括（　　）。

A. 直线 B. 多段线
C. 多线 D. 正多边形
E. 文字标注

【答案】ABCDE

【解析】直线、多段线、多线、正多边形、文字标注等都是 AutoCAD 的常用命令。

第十章 市政工程施工测量的基本知识

一、判断题

1. 丈量步骤主要包括定线和丈量。

【答案】错误

【解析】丈量步骤主要包括定线、丈量和成果计算。

2. 测站点至观测目标的视线与水平线的夹角称为水平角。

【答案】错误

【解析】地面上某点到两目标的方向线垂直投影在水平面上所成的角称为水平角。测站点至观测目标的视线与水平线的夹角称为竖直角。

3. 地面上某点到两目标的方向线垂直投影在水平面上所成的角称为水平角。

【答案】正确

【解析】地面上某点到两目标的方向线垂直投影在水平面上所成的角称为水平角。测站点至观测目标的视线与水平线的夹角称为竖直角。

4. 测量上常用视线与铅垂线的夹角表示，称为天顶距，均为负值。

【答案】错误

【解析】测量上常用视线与铅垂线的夹角表示，称为天顶距，没有负值。

5. 测回法是先用盘右位置对水平角两个方向进行一次观测，再用盘左位置进行一次观测。

【答案】错误

【解析】测回法是先用盘左位置对水平角两个方向进行一次观测，再用盘右位置进行一次观测。

6. 当一个测站上需要观测两个以上方向时，通常采用方向观测法。

【答案】正确

【解析】当一个测站上需要观测两个以上方向时，通常采用方向观测法。

7. 水准测量是高程测量中最精确的方法。

【答案】正确

【解析】水准测量是利用仪器提供的水平视线进行量测，比较两点间的高差，高程测量中最精确的方法。

8. 高差法适用于一个测站上有一个后视读数和多个前视读数。

【答案】错误

【解析】高差法适用于一个测站上有一个后视读数和一个前视读数。视线高程法适用于一个测站上有一个后视读数和多个前视读数。

9. 施工测量水准点多采用木桩顶入土层桩顶用水泥砂浆封固并用钢筋架立保护。

【答案】错误

【解析】施工测量水准点多采用混凝土制成，中间插入钢筋，或标示在突出的稳固岩石或构筑物的勒脚。临时性的水准点可用木桩顶入土层桩顶用水泥砂浆封固并用钢筋架立保护。

10. 各级控制点的计算根据需要采用严密的平差法或近似平差法，精度满足要求后方可使用。

【答案】正确

【解析】各级控制点的计算根据需要采用严密的平差法或近似平差法，精度满足要求后方可使用。

11. 当测量精度要求较高的水平角时，可采用盘左、盘右的方向测量。

【答案】错误

【解析】对于一般精度要求的水平角，可采用盘左、盘右的方向测量。

12. 当路堤不高时，采用分层挂线法。

【答案】错误

【解析】当路堤不高时，采用一次挂绳法，当路堤较高时，可选用分层挂线法。

13. 桥墩中心线在桥轴线方向上方位置中误差不应大于±20mm。

【答案】错误

【解析】桥墩中心线在桥轴线方向上方位置中误差不应大于±15mm。

二、单选题

1. 为确保测距成果的精度，一般进行（　　）。
   A. 单次丈量　　　　　　　　B. 往返丈量
   C. 两次丈量取平均值　　　　D. 进行两次往返丈量

【答案】B

【解析】为确保测距成果的精度，一般进行往返丈量。

2. 下列说法错误的是（　　）。
   A. 水准测量是利用仪器提供的水平视线进行量测，比较两点间的高差
   B. 两点的高差等于前视读数减后视读数
   C. 高差法适用于一个测站上有一个后视读数和一个前视读数
   D. 视线高程法适用于一个测站上有一个后视读数和多个前视读数

【答案】B

【解析】水准测量是利用仪器提供的水平视线进行量测，比较两点间的高差；两点的高差等于后视读数减前视读数；高差法适用于一个测站上有一个后视读数和一个前视读数。视线高程法适用于一个测站上有一个后视读数和多个前视读数。

3. 下列仪器既能自动测量高程又能自动测量水平距离的是（　　）。
   A. 水准仪　　　　　　　　　B. 水准尺
   C. 自动安平水准仪　　　　　D. 电子水准仪

【答案】D

【解析】电子水准仪是既能自动测量高程又能自动测量水平距离。

4. 由一个已知高程的水准点开始观测，顺序测量若干待测点，最后回到原来开始的水准点的路线是（　　）。

A. 闭合水准路线 B. 附合水准路线
C. 支水准路线 D. 折线水准路线

【答案】A

【解析】闭合水准路线是由一个已知高程的水准点开始观测,顺序测量若干待测点,最后回到原来开始的水准点的路线。

5. 由已知水准点开始测若干个待测点之后,既不闭合也不附合的水准路线称为( )。

A. 闭合水准路线 B. 附合水准路线
C. 支水准路线 D. 折线水准路线

【答案】C

【解析】由已知水准点开始测若干个待测点之后,既不闭合也不附合的水准路线称为支水准路线。

6. ( )是建立国家大地控制网的一种方法,也是工程测量中建立控制点的常用方法。

A. 角度测量 B. 水准测量
C. 导线测量 D. 施工测量

【答案】C

【解析】导线测量是建立国家大地控制网的一种方法,也是工程测量中建立控制点的常用方法。

7. 当在施工场地上已经布置方格网时,可采用( )来测量点位。

A. 直角坐标法 B. 极坐标法
C. 角度交会法 D. 距离交会法

【答案】A

【解析】当在施工场地上已经布置方格网时,可采用直角坐标法来测量点位。

8. 根据两个或两个以上的已知角度的方向交会出的平面位置,称为( )。

A. 直角坐标法 B. 极坐标法
C. 角度交会法 D. 距离交会法

【答案】C

【解析】根据两个或两个以上的已知角度的方向交会出的平面位置,称为角度交会法。

三、多选题

1. 下列属于电磁波测距仪的是( )。

A. 激光测距仪 B. 红外光测距仪
C. 微波测距仪 D. 经纬仪
E. 全站仪

【答案】ABC

【解析】电磁波测距技术得到了迅速发展,出现了激光、红外光和其他光源为载波的光电测距仪以及用微波为载波的微波测距仪。把这类测距仪统称为电磁波测距仪。

2. 经纬仪按读数设备可分为( )。

A. 精密经纬仪　　　　　　　　B. 光学经纬仪
C. 游标经纬仪　　　　　　　　D. 方向经纬仪
E. 复测经纬仪

【答案】BC

【解析】按精度分为精密经纬仪和普通经纬仪，按读数设备可分为光学经纬仪和游标经纬仪；按轴系构造可分为复测经纬仪和方向经纬仪。

3. 全站仪所测定的要素主要有（　　）。
A. 水平角　　　　　　　　　　B. 水平距离
C. 竖直角　　　　　　　　　　D. 斜距
E. 高程

【答案】ACD

【解析】全站仪所测定的要素主要有：水平角、竖直角和斜距。

4. 水准仪按其精度分为（　　）。
A. $DS_{0.5}$　　　　　　　　　　B. DS_1
C. DS_3　　　　　　　　　　　D. DS_5
E. DS_{10}

【答案】ABCE

【解析】水准仪按其精度分为 $DS_{0.5}$、DS_1、DS_3、DS_{10}。

5. 高程测量的方法分为（　　）。
A. 水准测量法　　　　　　　　B. 电磁波测距
C. 三角高程测量法　　　　　　D. 施工测量法
E. 经纬仪定线法

【答案】ABC

【解析】高程测量的方法分为：水准测量法、电磁波测距、三角高程测量法。

6. 道路施工测量主要包括（　　）。
A. 恢复中线测量　　　　　　　B. 施工控制桩的测量
C. 角度测量　　　　　　　　　D. 边桩竖曲线的测量
E. 施工控制测量

【答案】ABD

【解析】道路施工测量主要包括：恢复中线测量、施工控制桩的测量、边桩竖曲线的测量。

7. 施工前的测量工作包括（　　）。
A. 恢复中线　　　　　　　　　B. 测设施工控制桩
C. 加密施工水准点　　　　　　D. 槽口放线
E. 高程和坡度测设

【答案】ABC

【解析】施工前的测量工作包括：恢复中线、测设施工控制桩、加密施工水准点。

第十一章 抽样统计分析的基本知识

一、判断题

1. 满足随机性的样本称为简单随机样本,又称为样本。

【答案】错误

【解析】满足随机性和独立性的样本称为简单随机样本,又称为样本。

2. 总体分布图中,分布越分散,样本也很分散;分布越集中,样本也相对集中。

【答案】正确

【解析】总体分布图中,分布越分散,样本也很分散;分布越集中,样本也相对集中。

3. 随机抽样是抽样中最基本也是最简单的组织形式。

【答案】正确

【解析】简单随机抽样法中,每一个单位产品被抽入样本的机会均等,是抽样中最基本也是最简单的组织形式。

4. 频率是频数与数据总数的比值。

【答案】正确

【解析】频率是频数与数据总数的比值。

5. 计件数据一般服从二项式分布,计点数据一般服从泊松分布。

【答案】正确

【解析】计件数据一般服从二项式分布,计点数据一般服从泊松分布。

6. 当一个数据用百分率表示时,该数据类型取决于百分率是否表示到小数点以下。

【答案】错误

【解析】当一个数据用百分率表示时,虽然表面上看百分率可以表示到小数点以下,但该数据类型取决于计算该百分率的分子,当分子是计数值时,该数据也就是计数值。

7. 相关图是用来显示质量特性和影响因素之间关系的一种图形。

【答案】错误

【解析】相关图在质量控制中它是用来显示两种质量数据之间关系的一种图形。有多属相关系:1) 质量特征和影响因素之间的关系;2) 质量特性与质量特性之间的关系;3) 影响因素和影响因素之间的关系。

8. 因果分析图的绘制是从"结果"开始绘制。

【答案】正确

【解析】因果分析图的绘制步骤与图中箭头方向相反,是从"结果"开始将原因逐层分解的。

9. 排列图法中包含若干个矩形和一条曲线,左边的纵坐标表示累积频率,右边的纵坐标表示频数。

【答案】错误

【解析】排列图法中包含两条纵坐标、一条横坐标、若干个矩形和一条曲线,左边的纵坐标表示累频数，右边的纵坐标表示累积频率。

二、单选题

1. 若 X_1，X_2，…，X_n 是从总体中获得的样本，那么 X_1，X_2，…，X_n 符合（　　）。
   A. 独立不同分布　　　　　　　　B. 不独立但同分布
   C. 独立同分布　　　　　　　　　D. 既不独立也不同分布

   【答案】C

   【解析】若 X_1，X_2，…，X_n 是从总体中获得的样本，那么 X_1，X_2，…，X_n 是独立同分布的随机变量。

2. 描述样本中出现可能性最大的值的统计量是（　　）。
   A. 平均数　　　　　　　　　　　B. 众数
   C. 中位数　　　　　　　　　　　D. 极值

   【答案】B

   【解析】样本的众数是样本中出现可能性最大的值。

3. 常用于不同数据集的分散程度的比较的统计量是（　　）。
   A. 样本极值　　　　　　　　　　B. 样本方差
   C. 样本极差　　　　　　　　　　D. 变异系数

   【答案】D

   【解析】变异系数常用于不同数据集的分散程度的比较。

4. 样本标准差的单位是（　　）。
   A. 原始量纲的开方　　　　　　　B. 原始量纲
   C. 无量纲　　　　　　　　　　　D. 原始量纲的平方

   【答案】B

   【解析】采用标准差就消除了单位的差异。

5. 如果一个总体是由质量明显差异的几个部分组成，则宜采用（　　）。
   A. 整群抽样　　　　　　　　　　B. 分层随机抽样
   C. 系统抽样　　　　　　　　　　D. 简单随机抽样

   【答案】B

   【解析】分层抽样试讲质量明显差异的几个部分分成若干层，使层内质量均匀，而层间差异较为明显。

6. 可以用测量工具具体测读出小数点以下数值的数据的方法是（　　）。
   A. 计量数据　　　　　　　　　　B. 计数数据
   C. 计件数据　　　　　　　　　　D. 计点数据

   【答案】A

   【解析】计量数据：可以用测量工具具体测读出小数点以下数值的数据。

7. 假设试（检）验的用途（　　）。
   A. 提供表示事物特征的数据　　　B. 比较两事物的差异
   C. 分析影响事物变化的因素　　　D. 分析事物之间的相互关系

   【答案】B

【解析】比较两事物的差异：假设检（试）验、显著性检（试）验、方差分析、水平对比法。

8. 抽样方法的用途（　　）。
   A. 提供表示事物特征的数据　　B. 研究取样和试验方法，确定合理实验方案
   C. 分析影响事物变化的因素　　D. 分析事物之间的相互关系

【答案】B

【解析】研究取样和试验方法，确定合理的试验方案：抽样方法、抽样检（试）验、实验设计、可靠性试验。

9. 频数直方图可以用来（　　）。
   A. 提供表示事物特征的数据　　B. 研究取样和试验方法
   C. 分析影响事物变化的因素　　D. 发现质量问题

【答案】D

【解析】发现质量问题，分析和掌握质量数据的分布状况和动态变化：频数直方图、控制图、排列图。

10. 直方图法将收集到的质量数进行分组整理，绘制成频数分布直方图，又称为（　　）。
    A. 分层法　　　　　　　　　　B. 质量分布图法
    C. 频数分布图法　　　　　　　D. 排列图法

【答案】B

【解析】直方图法将收集到的质量数进行分组整理，绘制成频数分布直方图，用以描述质量分布状态的一种分析方法，又称为质量分布图法。

11. 常用的统计方法中，用来分析判断生产过程是否处于稳定状态的有效工具的是（　　）。
    A. 统计调查表法　　　　　　　B. 直方图法
    C. 控制图法　　　　　　　　　D. 相关图法

【答案】C

【解析】统计调查表法是利用专门设计的统计表对数据进行收集、整理和粗略分析质量状态的一种方法。直方图法是用以描述质量分布状态的一种分析方法。控制图法是分析判断生产过程是否处于稳定状态的有效工具，相关图法是用来显示两种质量数据统计之间关系的一种图形。

12. 在数理统计分析法中，用来显示在质量控制中两种质量数据之间关系的方法是（　　）。
    A. 统计调查表法　　　　　　　B. 直方图法
    C. 控制图法　　　　　　　　　D. 相关图法

【答案】D

【解析】统计调查表法是利用专门设计的统计表对数据进行收集、整理和粗略分析质量状态的一种方法。直方图法是用以描述质量分布状态的一种分析方法。控制图法是分析判断生产过程是否处于稳定状态的有效工具，相关图法是用来显示两种质量数据统计之间关系的一种图形。

三、多选题

1. 描述样本中心位置的统计量有（　　）。
   A. 样本均值　　　　　　　　B. 样本中位数
   C. 众数　　　　　　　　　　D. 样本极差
   E. 样本方差

   【答案】ABC

   【解析】总体中每一个个体的取值尽管有差异的，但是总有一个中心位置，如样本均值、样本中位数等。描述样本中心位置的统计量反映了总体的中心位置，常用的有：样本的均值、样本中位数和众数。

2. 反映样本数据的分散程度的统计量常用的有（　　）。
   A. 样本均值　　　　　　　　B. 样本极差
   C. 标准差　　　　　　　　　D. 变异系数
   E. 样本方差

   【答案】BCDE

   【解析】总体中每一个个体的取值尽管有差异的，因此样本的观测值也是有差异的，反映样本数据的分散程度的统计量实际上反映了总体取值的分散程度。常用的有：样本极差、样本方差、样本标准差、变异系数。

3. 子样是指从母体中取出来的部分个体，分为（　　）。
   A. 随机取样　　　　　　　　B. 分层取样
   C. 整群抽样　　　　　　　　D. 系统抽样
   E. 组合抽样

   【答案】AD

   【解析】子样是指从母体中取出来的部分个体，分为随机取样和系统抽样。

4. 下列关于抽样方案正确的是（　　）。
   A. 可以采用计量、计数或计量-计数方式
   B. 可以采用一次、二次或多次抽样方式
   C. 可以根据生产连续性和生产控制稳定性情况
   D. 对重要的项目不可采用简易快速的试验方法
   E. 采用经工程实践验证有效的抽样方案

   【答案】ABCE

   【解析】根据《建筑工程施工质量验收统一标准》规定，抽样方案可以采取以下方式：
   1）计量、计数或计量-计数方式；
   2）一次、二次或多次抽样方式；
   3）根据生产连续性和生产控制稳定性情况，采用调整型抽样方案；
   4）对重要的项目可采用简易快速的试验方法时，可选用全数检验方案；
   5）经工程实践验证有效的抽样方案。

5. 下列属于计量值数据的是（　　）。

A. 长度 B. 重量
C. 温度 D. 不合格数
E. 缺陷数

【答案】ABC

【解析】凡是可以连续取值的，或者说可以用测量工具具体测量出小数点以下数值的这类数据，叫计量值数据，如长度、重量、温度、力度等。

6. 下列能提供表示事物特征的数据的统计方法有（ ）。
   A. 平均值 B. 中位数
   C. 方差分析 D. 方差
   E. 极差

【答案】ABDE

【解析】提供表示事物特征的数据：平均值、中位数、标准偏差、方差、极差。

7. 下列能够比较两事物差异的统计方法有（ ）。
   A. 抽样检验 B. 假设检验
   C. 显著性检验 D. 方差分析
   E. 水平对比法

【答案】BCDE

【解析】比较两事物的差异：假设检（试）验、显著性检（试）验、方差分析、水平对比法。

8. 下列能够分析影响事物变化的因素的统计方法有（ ）。
   A. 因果图 B. 调查表
   C. 显著性检验 D. 分层法
   E. 方差分析

【答案】ABDE

【解析】分析影响事物变化的因素：因果图、调查表、散布图、分层法、树图、方差分析。

9. 下列能够分析事物之间相互关系的统计方法有（ ）。
   A. 散布图 B. 调查表
   C. 显著性检验 D. 实验设计法
   E. 方差分析

【答案】AD

【解析】分析影响事物之间的相互关系：散布图、试验设计法。

10. 数理统计方法常用的统计分析方法有（ ）。
    A. 统计调查表法 B. 分层法
    C. 数值分析法 D. 直方图法
    E. 控制图法

【答案】ABDE

【解析】数理统计方法控制质量的步骤，常用的统计分析方法：统计调查表法、分层法、直方图法、控制图法、相关图、因果分析图法、排列图法等。

11. 相关图可以反映质量数据之间的相关关系，下列属于其所能反映的关系有（　　）。
   A. 质量特性与影响因素　　　　　B. 质量特性与质量特性
   C. 质量特性与样本数量　　　　　D. 影响因素与影响因素
   E. 影响因素和质量因素

【答案】ABD

【解析】相关图在质量控制中它是用来显示两种质量数据之间关系的一种图形。有多属相关系：1）质量特性和影响因素之间的关系；2）质量特性与质量特性之间的关系；3）影响因素和影响因素之间的关系。

12. 排列图法按累计频率可以划分为三个区，下列属于B区的是（　　）。
   A. 累计频率为70%　　　　　　　B. 累计频率在0~80%
   C. 累计频率在85%　　　　　　　D. 累计频率在80%~90%
   E. 累计频率在95%

【答案】CD

【解析】排列图法按累计频率可以划分为三个区，累计频率在0~80%称为A区，其所包含的质量因素是主要因素或关键项目；累计频率在80%~90%，称为B区，其包含的因素为一般因素；累计频率在90%~100%称为C区，起包含的为次要因素，不作为解决的重点。

质量员（市政方向）通用与基础知识试卷

一、判断题（共 20 题，每题 1 分）

1. 由一个国家现行的各个部门法构成的有机联系的统一整体通常称为法律部门。

【答案】（   ）

2. 甲建筑施工企业的企业资质为二级，近期内将完成一级的资质评定工作，为了能够承揽正在进行招标的建筑面积 20 万 m^2 的住宅小区建设工程，甲向有合作关系的一级建筑施工企业借用资质证书完成了该建设工程的投标，甲企业在工程中标后取得一级建筑施工企业资质，则甲企业对该工程的中标是有效的。

【答案】（   ）

3. 混凝土立方体抗压强度标准值系指按照标准方法制成边长为 150mm 的标准立方体试件，在标准条件（温度 20℃±2℃，相对湿度为 95%以上）下养护 28d，然后采用标准试验方法测得的极限抗压强度值。

【答案】（   ）

4. 沥青混合料是沥青与矿质集料混合形成的混合物。

【答案】（   ）

5. 道路纵断面图的作用是表达路线中心纵向线形以及地面起伏、地质和沿线设置构筑物的概况。

【答案】（   ）

6. 城市桥梁由下部结构、上部结构和附属结构组成。

【答案】（   ）

7. 天然地基也需经过加固、改良等技术处理后满足使用要求。

【答案】（   ）

8. 刚性扩大基础是将上部结构物传来的荷载通过其直接传递至较浅的支承地基的一种基础形式。

【答案】（   ）

9. 热拌沥青混合料（HMA）适用于各种等级道路的沥青路面，通常分为普通沥青混合料和改性沥青混合料。

【答案】（   ）

10. 施工项目的生产要素主要包括劳动力、材料、技术和资金。

【答案】（   ）

11. 平面一般力系平衡的几何条件是力系中所有各力在两个坐标轴上投影的代数和分别等于零。

【答案】（   ）

12. 杆件的纵向变形是一绝对量，不能反映杆件的变形程度。

【答案】（   ）

13. 人行道指人群步行的道路，但不包括地下人行通道。

14. 缘石平箅式雨水口适用于有缘石的道路。

【答案】（ ）

15. 分部工程是分项工程的组成部分，若干个分部工程合在一起就形成一个分项工程。

【答案】（ ）

16. 从投资者的角度而言，工程造价是指建设一项工程预期开支或实际开支的全部固定资产投资费用。

【答案】（ ）

17. AutoCAD 是一款绘图软件。

【答案】（ ）

18. 测量上常用视线与铅垂线的夹角表示，称为天顶距，均为负值。

【答案】（ ）

19. 桥墩中心线在桥轴线方向上方位置中误差不应大于±20mm。

【答案】（ ）

20. 总体分布图中，分布越分散，样本也很分散；分布越集中，样本也相对集中。

【答案】（ ）

二、单选题（共 40 题，每题 1 分）

21. 建设法规体系是国家法律体系的重要组成部分，是由国家制定或认可，并由（ ）保证实施。
A. 国家公安机关　　　　　　　B. 国家建设行政主管部门
C. 国家最高法院　　　　　　　D. 国家强制力

22. 关于上位法与下位法的法律地位与效力，下列说法中正确的是（ ）。
A. 建设部门规章高于地方性建设法规
B. 建设行政法规的法律效力最高
C. 建设行政法规、部门规章不得与地方性法规、规章相抵触
D. 地方建设规章与地方性建设法规就同一事项进行不同规定时，遵从地方建设规章

23. 以下法规属于建设行政法规的是（ ）。
A. 《工程建设项目施工招标投标办法》
B. 《中华人民共和国城乡规划法》
C. 《建设工程安全生产管理条例》
D. 《实施工程建设强制性标准监督规定》

24. 在建设法规的五个层次中，其法律效力从高到低依次为（ ）。
A. 建设法律、建设行政法规、建设部门规章、地方性建设法规、地方建设规章
B. 建设法律、建设行政法规、建设部门规章、地方建设规章、地方性建设法规
C. 建设行政法规、建设部门规章、建设法律、地方性建设法规、地方建设规章
D. 建设法律、建设行政法规、地方性建设法规、建设部门规章、地方建设规章

25. 下列属于建设行政法规的是（ ）。
A. 《建设工程质量管理条例》

B.《工程建设项目施工招标投标办法》
C.《中华人民共和国立法法》
D.《实施工程建设强制性标准监督规定》

26. 在我国，施工总承包资质划分为房屋建筑工程、公路工程等（   ）个资质类别。
    A. 10   B. 12
    C. 13   D. 60

27. 市政公用工程施工总承包企业资质分为（   ）。
    A. 特级、一级、二级   B. 一级、二级
    C. 一级、二级、三级   D. 甲级、乙级、丙级

28. 两个以上不同资质等级的单位联合承包工程，其承揽工程的业务范围取决于联合体中（   ）的业务许可范围。
    A. 资质等级高的单位   B. 资质等级低的单位
    C. 实际达到的资质等级   D. 核定的资质等级

29. 下列关于建筑工程常用的特性水泥的特性及应用的表述中，错误的是（   ）。
    A. 白水泥和彩色水泥主要用于建筑物内外的装饰
    B. 膨胀水泥主要用于收缩补偿混凝土部位施工，防渗混凝土，防身砂浆，结构的加固，构件接缝、后浇带，固定设备的机座及地脚螺栓等
    C. 快硬水泥易受潮变质，故储运时须特别注意防潮，并应及时使用，不宜久存，出厂超过3个月，应重新检验，合格后方可使用
    D. 快硬硅酸盐水泥可用于紧急抢修工程、低温施工工程等，可配制成早强、高等级混凝土

30. 下列关于烧结砖的分类、主要技术要求及应用的相关说法中，正确的是（   ）。
    A. 强度、抗风化性能和放射性物质合格的烧结普通砖，根据尺寸偏差、外观质量、泛霜和石灰爆裂等指标，分为优等品、一等品、合格品三个等级
    B. 强度和抗风化性能合格的烧结空心砖，根据尺寸偏差、外观质量、孔型及孔洞排列、泛霜、石灰爆裂分为优等品、一等品、合格品三个等级
    C. 烧结多孔砖主要用作非承重墙，如多层建筑内隔墙或框架结构的填充墙
    D. 烧结空心砖在对安全性要求低的建筑中，可以用于承重墙体

31. 开式沥青混合料压实后剩余空隙率（   ）。
    A. 4%~10%   B. 小于10%
    C. 10%~15%   D. 大于15%

32. 石油沥青的黏滞性一般用（   ）来表示。
    A. 延度   B. 针入度
    C. 软化点   D. 流动度

33. 由于城市道路一般比较平坦，因此多采用大量的地形点来表示地形高程，其中（   ）表示测点。
    A. ▼   B. ◆
    C. ●   D. ■

34. 管网总平面布置图标注建、构筑物角坐标，通常标注其（　　）个角坐标。
   A. 1　　　　　　　　　　　　B. 2
   C. 3　　　　　　　　　　　　D. 4

35. 跨水域桥梁的调治构筑物应结合（　　）仔细识读。
   A. 平面、立面图　　　　　　　B. 平面、布置图
   C. 平面、剖面图　　　　　　　D. 平面、桥位图

36. 对地基进行预先加载，使地基土加速固结的地基处理方法是（　　）。
   A. 堆载预压　　　　　　　　　B. 真空预压
   C. 软土预压　　　　　　　　　D. 真空-堆载联合预压

37. 深层搅拌法固化剂的主剂是（　　）。
   A. 混凝土　　　　　　　　　　B. 减水剂
   C. 水泥浆　　　　　　　　　　D. 粉煤灰

38. 护筒埋设方法适于旱地或水中的是（　　）。
   A. 下埋式　　　　　　　　　　B. 上埋式
   C. 下沉式　　　　　　　　　　D. 上浮式

39. 石灰土基层施工路拌法施工工艺流程（　　）。
   A. 土料铺摊→整平、轻压→拌合→石灰铺摊→整形→碾压成型→养护
   B. 土料铺摊→整平、轻压→石灰铺摊→拌合→整形→碾压成型→养护
   C. 土料铺摊→整平、轻压→拌合→整形→石灰铺摊→碾压成型→养护
   D. 土料铺摊→石灰铺摊→整平、轻压→拌合→整形→碾压成型→养护

40. 板式橡胶支座一般工艺流程主要包括（　　）。
   A. 支座垫石凿毛清理、测量放线、找平修补、环氧砂浆拌制、支座安装等
   B. 测量放线、支座垫石凿毛清理、环氧砂浆拌制、找平修补、支座安装等
   C. 支座垫石凿毛清理、测量放线、环氧砂浆拌制、找平修补、支座安装等
   D. 测量放线、支座垫石凿毛清理、找平修补、环氧砂浆拌制、支座安装等

41. 混凝土强度、弹性模量符合设计要求时才能放松预应力筋。当日平均气温不低于20℃时，龄期不小于（　　）d。
   A. 3　　　　　　　　　　　　B. 5
   C. 7　　　　　　　　　　　　D. 28

42. 不属于常用沟槽支撑形式的是（　　）。
   A. 横撑　　　　　　　　　　　B. 竖撑
   C. 纵撑　　　　　　　　　　　D. 板桩撑

43. 下列选项中，不属于施工项目管理组织的内容的是（　　）。
   A. 组织系统的设计与建立　　　B. 组织沟通
   C. 组织运行　　　　　　　　　D. 组织调整

44. 下列说法错误的是（　　）。
   A. 沿同一直线，以同样大小的力拉车，对车产生的运动效果一样
   B. 在刚体的原力系上加上或去掉一个平衡力系，不会改变刚体的运动状态
   C. 力的可传性原理只适合研究物体的外效应

D. 对于所有物体，力的三要素可改为：力的大小、方向和作用线
45. 光滑接触面约束对物体的约束反力的方向是（　　）。
A. 通过接触点，沿接触面的公法线方向
B. 通过接触点，沿接触面公法线且指向物体
C. 通过接触点，沿接触面且沿背离物体的方向
D. 通过接触点，且沿接触面公切线方向
46. 下列说法正确的是（　　）。
A. 柔体约束的反力方向为通过接触点，沿柔体中心线且物体
B. 光滑接触面约束反力的方向通过接触点，沿接触面且沿背离物体的方向
C. 圆柱铰链的约束反力是垂直于轴线并通过销钉中心
D. 链杆约束的反力是沿链杆的中心线，垂直于接触面
47. 下列哪项不属于街面设施（　　）。
A. 照明灯柱　　　　　　　　B. 架空电线杆
C. 消火栓　　　　　　　　　D. 道口花坛
48. 适用于机动车交通量大，车速高，非机动车多的快速路、次干路的是（　　）。
A. 单幅路　　　　　　　　　B. 三幅路
C. 双幅路　　　　　　　　　D. 四幅路
49. 路基的高度不同，会有不同的影响，下列错误的是（　　）。
A. 会影响路基稳定　　　　　B. 影响路面的强度和稳定性
C. 影响工程造价　　　　　　D. 不会影响路面厚度
50. 供热管道上的阀门，起流量调节作用的阀门是（　　）。
A. 截止阀　　　　　　　　　B. 闸阀
C. 蝶阀　　　　　　　　　　D. 单向阀
51. 对于单跨隧道，当开挖宽小于12m时，应采用（　　）。
A. 台阶开挖法　　　　　　　B. CD 法
C. CRD 法　　　　　　　　　D. 双侧壁导坑法
52. 道路路面边缘距乔木中心平面距离不小于（　　）m。
A. 1　　　　　　　　　　　　B. 2
C. 3　　　　　　　　　　　　D. 4
53. 行道树与机动车交叉口的最小距离为（　　）m。
A. 10　　　　　　　　　　　B. 14
C. 30　　　　　　　　　　　D. 50
54. 建植的草坪质量要求：草坪的覆盖度应达到（　　）。
A. 80%　　　　　　　　　　B. 85%
C. 90%　　　　　　　　　　D. 95%
55. 管道沟槽的深度按基础的形式和埋深分别计算，枕基的计算方法是（　　）。
A. 原地面高程减设计管道基础底面高程
B. 原地面高程减设计管道基础底面高程加管壁厚度
C. 原地面高程减设计管道基础底面高程加垫层厚度

D. 原地面高程减设计管道基础底面高程减管壁厚度

56. 使用国有资金投资的建设工程发承包，必须采用（　　）计价。
    A. 施工定额　　　　　　　　B. 预算定额
    C. 概算定额　　　　　　　　D. 工程量清单

57. 当在施工场地上已经布置方格网时，可采用（　　）来测量点位。
    A. 直角坐标法　　　　　　　B. 极坐标法
    C. 角度交会法　　　　　　　D. 距离交会法

58. 下列说法错误的是（　　）。
    A. 水准测量是利用仪器提供的水平视线进行量测，比较两点间的高差
    B. 两点的高差等于前视读数减后视读数
    C. 高差法适用于一个测站上有一个后视读数和一个前视读数
    D. 视线高程法适用于一个测站上有一个后视读数和多个前视读数

59. 若 X_1，X_2，…，X_n 是从总体中获得的样本，那么 X_1，X_2，…，X_n 符合（　　）。
    A. 独立不同分布　　　　　　B. 不独立但同分布
    C. 独立同分布　　　　　　　D. 既不独立也不同分布

60. 在数理统计分析法中，用来显示在质量控制中两种质量数据之间关系的方法是（　　）。
    A. 统计调查表法　　　　　　B. 直方图法
    C. 控制图法　　　　　　　　D. 相关图法

三、多选题（共20道，每题2分，选错项不得分，选不全得1分）

61. 《建筑法》规定，交付竣工验收的建筑工程必须符合（　　）。
    A. 规定的建筑工程质量标准
    B. 有完整的工程技术经济资料和经签署的工程保修书
    C. 具备国家规定的其他竣工条件
    D. 建筑工程竣工验收合格后，方可交付使用
    E. 未经验收或者验收不合格的，不得交付使用

62. 以下关于地方的立法权相关问题，说法正确的是（　　）。
    A. 我国的地方人民政府分为省、地、市、县、乡五级
    B. 直辖市、自治区属于地方人民政府地级这一层次
    C. 省、自治区、直辖市以及省会城市、自治区首府有立法权
    D. 县、乡级没有立法权
    E. 地级市中国务院批准的规模较大的市有立法权

63. 以下专业承包企业资质等级分为一、二、三级的是（　　）。
    A. 地基与基础工程　　　　　B. 预拌混凝土
    C. 古建筑工程　　　　　　　D. 电子与智能化工程
    E. 城市及道路照明工程

64. 下列关于通用水泥的特性及应用的基本规定中，表述正确的是（　　）。
    A. 复合硅酸盐水泥适用于早期强度要求高的工程及冬期施工的工程

B. 矿渣硅酸盐水泥适用于大体积混凝土工程
C. 粉煤灰硅酸盐水泥适用于有抗渗要求的工程
D. 火山灰质硅酸盐水泥适用于抗裂性要求较高的构件
E. 硅酸盐水泥适用于严寒地区遭受反复冻融作用的混凝土工程

65. 砌筑砂浆的组成材料包括（　　）。
A. 油膏
B. 水
C. 胶凝材料
D. 细骨料
E. 掺加料

66. 下列说法中正确的是（　　）。
A. 地形图样中用箭头表示其方位
B. 细点画线表示道路各条车道及分隔带
C. 地形情况一般用等高线或地形线表示
D. 3K+100，即距离道路起点3001m
E. YH为"缓圆"交点

67. 市政管道工程施工图包括（　　）。
A. 平面图
B. 基础图
C. 横断面图
D. 关键节点大样图
E. 井室结构图

68. 下列堆载预压法施工要点说法正确的是（　　）。
A. 袋装砂井和塑料排水带施工所用钢管内径略小于两者尺寸
B. 砂袋或塑料排水带应高出砂垫层不少于80mm
C. 预压区中心部位的砂垫层底标高应低于周边的砂垫层底标高，以利于排水
D. 堆载预压施工，应根据设计要求分级逐渐加载
E. 竖向变形量每天不宜超过10~15mm，水平位移量每天不宜超过4~7mm

69. 下列关于刚性扩大基础施工要点的说法中，表述正确的是（　　）。
A. 基础砌筑前要清理地基，不得留有浮泥等杂物
B. 开始砌筑时，第一层块石应先坐浆，先砌中间部分再砌四周石部分
C. 面石砌筑时，上下二层的石块要错缝，同一层面石要按一顺一丁或一丁二顺砌筑
D. 混凝土基础施工前一般应先在基坑底部先铺筑一层混凝土垫层，以保护地基
E. 混凝土自高处倾落时，其自由倾落高度不宜超过5m

70. 下列关于水泥粉煤灰碎石桩的说法中，表述正确的是（　　）。
A. 在一个基础中，同一水平面内的接桩数不得超过桩基总数的50%，相邻桩的接桩位置应错开1.0m以上
B. 承受轴向荷载为主的摩擦桩沉桩时，入土深度控制以桩尖设计标高为主，最后以贯入度作为参考
C. 在饱和的细、中、粗砂中连续沉桩时，易使流动的砂紧密挤实于桩的周围，妨碍砂中水分沿桩上升，在桩尖下形成压力很大的"水垫"，产生"吸入"现象
D. 在黏土中连续沉桩时，由于土的渗透系数小，桩周围水不能渗透扩散而沿着桩身向上挤出，而形成"假极限"现象

E. 出现"假极限"现象应暂停一定时间后进行复打,以确定桩的实际承载力

71. 下列关于施工项目目标控制的措施说法错误的是（　　）。

A. 施工项目进度控制的措施主要有组织措施、技术措施、合同措施、经济措施

B. 经济措施主要是建立健全目标控制组织,完善组织内各部门及人员的职责分工

C. 技术措施主要是项目目标控制中所用的技术措施有两大类:一类是硬技术,即工艺技术

D. 合同措施是指严格执行和完成合同规定的一切内容,阶段性检查合同履行情况,对偏离合同的行为应及时采取纠正措施

E. 组织措施是目标控制的基础,制定有关规章制度,保证制度的贯彻与执行,建立健全控制信息流通的渠道

72. 刚体受到三个力的作用,这三个力作用线汇交于一点的条件有（　　）。

A. 三个力在一个平面
B. 三个力平行
C. 刚体在三个力作用下平衡
D. 三个力不平行
E. 三个力可以不共面,只要平衡即可

73. 下列哪项是正确的（　　）。

A. 在平面问题中,力矩为代数量
B. 只有当力和力臂都为零时,力矩等于零
C. 当力沿其作用线移动时,不会改变力对某点的矩
D. 力矩就是力偶,两者是一个意思
E. 力偶可以是一个力

74. 城镇道路与公路比较,（　　）。

A. 功能多样、组成复杂、艺术要求高
B. 车辆多、类型复杂、但车速差异小
C. 道路交叉口多,易发生交通事故
D. 公路比城镇道路需要大量附属设施
E. 城镇道路规划、设计和施工的影响因素多

75. 城市道路网布局形式主要有（　　）。

A. 方格网式
B. 环形放射式
C. 自由式
D. 井字式
E. 混合式

76. 路面通常由一层或几层组成,以下属于路面组成的是（　　）。

A. 面层
B. 垫层
C. 磨耗层
D. 基层
E. 沥青层

77. 按用途分类,市政工程定额可分为（　　）。

A. 劳动定额
B. 施工定额
C. 预算定额
D. 概算定额
E. 概算指标

78. 工程量清单计价的特点有（　　）。

A. 满足竞争的需要　　　　　　　B. 竞争条件平等
C. 有利于工程款的拨付　　　　　D. 有利于避免风险
E. 有利于建设单位对投资的控制

79. 经纬仪按读数设备可分为（　　）。
A. 精密经纬仪　　　　　　　　　B. 光学经纬仪
C. 游标经纬仪　　　　　　　　　D. 方向经纬仪
E. 复测经纬仪

80. 下列关于抽样方案正确的是（　　）。
A. 可以采用计量、计数或计量-计数方式
B. 可以采用一次、二次或多次抽样方式
C. 可以根据生产连续性和生产控制稳定性情况
D. 对重要的项目不可采用简易快速的试验方法
E. 采用经工程实践验证有效的抽样方案

质量员（市政方向）通用与基础知识试卷答案与解析

一、判断题（共20题，每题1分）

1. 错误

【解析】法律法规体系，通常指由一个国家的全部现行法律规范分类组合成为不同的法律部门而形成的有机联系的统一整体。

2. 错误

【解析】《建筑法》规定：禁止建筑施工企业超越本企业资质等级许可的业务范围或者以任何形式用其他建筑施工企业的名义承揽工程。2005年1月1日开始实行的《最高人民法院关于审理建设工程施工合同纠纷案件适用法律问题的解释》第1条规定：建设工程施工合同具有下列情形之一的，应当根据合同法第52条第（5）项的规定，认定无效：1) 承包人未取得建筑施工企业资质或者超越资质等级的；2) 没有资质的实际施工人借用有资质的建筑施工企业名义的；3) 建设工程必须进行招标而未进行招标或者中标无效的。此案例中，甲单位超越资质等级承揽工程，并借用乙单位的资质等级投标并中标，这一过程是违反《建筑法》规定的。

3. 正确

【解析】按照标准方法制成边长为150mm的标准立方体试件，在标准条件（温度20℃±2℃，相对湿度为95%以上）下养护28d，然后采用标准试验方法测得的极限抗压强度值，称为混凝土的立方体抗压强度。

4. 正确

【解析】沥青混合料是用适量的沥青与一定级配的矿质集料经过充分拌合而形成的混合物。

5. 正确

【解析】道路纵断面图的作用是表达路线中心纵向线形以及地面起伏、地质和沿线设置构筑物的概况。

6. 错误

【解析】城市桥梁由基础、下部结构、上部结构、桥面系和附属结构等部分组成。

7. 错误

【解析】当地基强度和稳定性不能满足设计要求和规范规定时，为保证建（构）筑物的正常使用，需对地基进行必要的处理；经过加固、改良等技术处理后满足使用要求的称为人工地基，不加处理就可以满足使用要求的原状土层则称为天然地基。

8. 正确

【解析】刚性扩大基础是将上部结构物传来的荷载通过其直接传递至较浅的支承地基的一种基础形式。

9. 正确

【解析】热拌沥青混合料（HMA）适用于各种等级道路的沥青路面，其种类按集料公称最大粒径、矿料级配、孔隙率划分，通常分为普通沥青混合料和改性沥青混合料。

10. 错误

【解析】施工项目的生产要素是施工项目目标得以实现的保证，主要包括：劳动力、材料、设备、技术和资金（即5M）。

11. 错误

【解析】平面一般力系平衡的几何条件是该力系合力等于零，解析条件是力系中所有各力在两个坐标轴上投影的代数和分别等于零。

12. 正确

【解析】杆件的纵向变形是一绝对量，不能反映杆件的变形程度。

13. 错误

【解析】城镇道路由机动车道、人行道、分隔带、排水设施等组成，人行道：人群步行的道路，包括地下人行通道。

14. 正确

【解析】缘石平算式雨水口适用于有缘石的道路。

15. 错误

【解析】分项工程是分部工程的组成部分，若干个分项工程合在一起就形成一个分部工程。

16. 正确

【解析】从投资者的角度而言，工程造价是指建设一项工程预期开支或实际开支的全部固定资产投资费用。

17. 错误

【解析】AutoCAD是一款工具软件，通常用来绘制建筑平、立、剖面图、节点图等。

18. 错误

【解析】测量上常用视线与铅垂线的夹角表示，称为天顶距，没有负值。

19. 错误

【解析】桥墩中心线在桥轴线方向上方位置中误差不应大于±15mm。

20. 正确

【解析】总体分布图中，分布越分散，样本也很分散；分布越集中，样本也相对集中。

二、单选题（共40题，每题1分）

21. D

【解析】建设法规体系是国家法律体系的重要组成部分，是由国家制定或认可，并由国家强制力保证实施，调整建设工程在新建、扩建、改建和拆除等有关活动中产生的社会关系的法律法规的系统。

22. A

【解析】在建设法规的五个层次中，其法律效力由高到低依次为建设法律、建设行政法规、建设部门规章、地方性建设法规和地方建设规章。法律效力高的称为上位法，法律效力低的称为下位法，下位法不得与上位法相抵触，否则其相应规定将被视为无效。

23. C

【解析】建设行政法规的名称常以"条例"、"办法"、"规定"、"规章"等名称出现，如《建设工程质量管理条例》、《建设工程安全生产管理条例》等。建设部门规章是指住房和城乡建设部根据国务院规定的职责范围，依法制定并颁布的各项规章或由住房和城乡建设部与国务院其他有关部门联合制定并发布的规章，如《实施工程建设强制性标准监督规定》、《工程建设项目施工招标投标办法》等。

24. A

【解析】我国建设法规体系由建设法律、建设行政法规、建设部门规章、地方性建设法规和地方建设规章五个层次组成。

25. A

【解析】建设行政法规的名称常以"条例"、"办法"、"规定"、"规章"等名称出现，如《建设工程质量管理条例》、《建设工程安全生产管理条例》等。建设部门规章是指住房和城乡建设部根据国务院规定的职责范围，依法制定并颁布的各项规章或由住房和城乡建设部与国务院其他有关部门联合制定并发布的规章，如《实施工程建设强制性标准监督规定》、《工程建设项目施工招标投标办法》等。

26. B

【解析】施工总承包资质分为12个类别，专业承包资质分为36个类别，劳务分包资质不分类别。

27. C

【解析】市政公用工程施工总承包企业资质分为一级、二级、三级。无特级资质。

28. B

【解析】依据《建筑法》第27条，联合体作为投标人投标时，应当按照资质等级较低的单位的业务许可范围承揽工程。

29. C

【解析】快硬硅酸盐水泥可用于紧急抢修工程、低温施工工程等，可配制成早强、高等级混凝土。快硬水泥易受潮变质，故储运时须特别注意防潮，并应及时使用，不宜久存，出厂超过1个月，应重新检验，合格后方可使用。白水泥和彩色水泥主要用于建筑物内外的装饰。膨胀水泥主要用于收缩补偿混凝土工程，防渗混凝土，防身砂浆，结构的加固，构件接缝、接头的灌浆，固定设备的机座及地脚螺栓等。

30. A

【解析】强度、抗风化性能和放射性物质合格的烧结普通砖，根据尺寸偏差、外观质量、泛霜和石灰爆裂等指标，分为优等品、一等品、合格品三个等级。强度和抗风化性能合格的烧结多孔砖，根据尺寸偏差、外观质量、孔型及孔洞排列、泛霜、石灰爆裂分为优等品、一等品、合格品三个等级。烧结多孔砖可以用于承重墙体。优等品可用于墙体装饰和清水墙砌筑，一等品和合格品可用于混水墙，中泛霜的砖不得用于潮湿部位。烧结空心砖主要用作非承重墙，如多层建筑内隔墙或框架结构的填充墙。

31. D

【解析】压实后剩余空隙率大于15%的沥青混合料称为开式沥青混合料。

32. B

【解析】石油沥青的黏滞性一般采用针入度来表示。

33. A

【解析】用"▼"图示测点，并在其右侧标注绝对高程数值。

34. C

【解析】标注建、构筑物角坐标。通常标注其3个角坐标，当建、构筑物与施工坐标轴线平行时，可标注其对角坐标。

35. D

【解析】附属构筑物首先应据平面、立面图示，结合构筑物细部图进行识读，跨水域桥梁的调治构筑物也应结合平面图、桥位图仔细识读。

36. A

【解析】堆载预压是对地基进行预先加载，使地基土加速固结的地基处理方法。

37. C

【解析】深层搅拌法是以水泥浆作为固化剂的主剂。

38. C

【解析】护筒埋设方法：按现场条件采用下埋式、上埋式和下沉式等埋设方法。下埋式适于旱地，上埋式适于旱地或水中，下沉式适于深水中作业。

39. B

【解析】石灰土基层施工分路拌法和厂拌法两种两种方法，路拌法施工工艺流程：土料铺摊→整平、轻压→石灰铺摊→拌合→整形→碾压成型→养护。

40. A

【解析】板式橡胶支座一般工艺流程主要包括：支座垫石凿毛清理、测量放线、找平修补、环氧砂浆拌制、支座安装等。

41. B

【解析】混凝土强度、弹性模量符合设计要求时才能放松预应力筋。当日平均气温不低于20℃时，龄期不小于5d；当日平均气温低于20℃时，龄期不小于7d。

42. C

【解析】常用支撑形式主要有：横撑、竖撑、板桩撑等。

43. B

【解析】施工项目管理组织，是指为进行施工项目管理、实现组织职能而进行组织系统的设计与建立、组织运行和组织调整三个方面。

44. D

【解析】力的可传性原理：作用于刚体上的力可沿其作用线移动到刚体内任意一点，而不改变原力对刚体的作用效应。

45. B

【解析】光滑接触面约束只能阻碍物体沿接触表面公法线并指向物体的运动，不能限制沿接触面公切线方向的运动。

46. D

【解析】柔体约束的反力方向为通过接触点，沿柔体中心线且背离物体。光滑接触面约束只能阻碍物体沿接触表面公法线并指向物体的运动。圆柱铰链的约束反力是垂直于轴线并通过销钉中心，方向未定。链杆约束的反力是沿链杆的中心线，而指向未定。

47. D

【解析】街面设施：微城市公共事业服务的照明灯柱、架空电线杆、消火栓、邮政信箱、清洁箱等。

48. D

【解析】城镇道路按道路的断面形式可分为四类和特殊形式，这四类为：单幅路、双幅路、三幅路、四幅路，见表7-3。四幅路适用于机动车交通量大，车速高，非机动车多的快速路、次干路。

49. D

【解析】路基高度是指路基设计标高与路中线原地面标高之差，称为路基填挖高度或施工高度。路基高度影响路基稳定、路面的强度和稳定性、路面厚度和结构及工程造价。

50. C

【解析】供热管道上的阀门通常有三种类型，一是起开启或关闭作用的阀门，如截止阀、闸阀；二是起流量调节作用的阀门，如蝶阀；三是起特殊作用的阀门，如单向阀、安全阀等。

51. A

【解析】对于单跨隧道，当开挖宽小于12m时，应采用台阶开挖法。

52. A

【解析】道路路面边缘距乔木中心平面距离不小于1m。

53. C

【解析】行道树与机动车交叉口的最小距离为30m。

54. D

【解析】建植的草坪质量要求：草坪的覆盖度应达到95%，集中空秃不得超过1m^2。

55. B

【解析】管道沟槽的深度按基础的形式和埋深分别计算，带基按枕基的计算方法是原地面高程减设计管道基础底面高程，设计有垫层的，还应加上垫层的厚度；枕基按原地面高程减设计管道基础底面高程加管壁厚度。

56. D

【解析】使用国有资金投资的建设工程发承包，必须采用工程量清单计价。

57. A

【解析】当在施工场地上已经布置方格网时，可采用直角坐标法来测量点位。

58. B

【解析】水准测量是利用仪器提供的水平视线进行量测，比较两点间的高差；两点的高差等于后视读数减前视读数；高差法适用于一个测站上有一个后视读数和一个前视读数。视线高程法适用于一个测站上有一个后视读数和多个前视读数。

59. C

【解析】若 $X_1, X_2, \cdots, X_n$ 是从总体中获得的样本，那么 $X_1, X_2, \cdots, X_n$ 是独立同分布的随机变量。

60. D

【解析】统计调查表法是利用专门设计的统计表对数据进行收集、整理和粗略分析质量状态的一种方法。直方图法是用以描述质量分布状态的一种分析方法。控制图法是分析判断生产过程是否处于稳定状态的有效工具，相关图法是用来显示两种质量数据统计之间关系的一种图形。

三、多选题（共20道，每题2分，选错项不得分，选不全得1分）

61. ABCDE

【解析】《建筑法》第61条规定：交付竣工验收的建筑工程，必须符合规定的建筑工程质量标准，有完整的工程技术经济资料和经签署的工程保修书，并具备国家规定的其他竣工条件。建筑工程竣工经验收合格后，方可交付使用；未经验收或验收不合格的，不得交付使用。

62. CDE

【解析】关于地方的立法权问题，地方是与中央相对应的一个概念，我国的地方人民政府分为省、地、县、乡四级。其中省级中包括直辖市，县级中包括县级市即不设区的市。县、乡级没有立法权。省、自治区、直辖市以及省会城市、自治区首府有立法权。而地级市中只有国务院批准的规模较大的市有立法权，其他地级市没有立法权。

63. ACDE

【解析】地基基础工程、古建筑工程、电子与智能化工程、城市及道路照明工程等级分类为一、二、三级，预拌混凝土不分等级。

64. BE

【解析】硅酸盐水泥适用于早期强度要求高的工程及冬期施工的工程；严寒地区遭受反复冻融作用的混凝土工程。矿渣硅酸盐水泥适用于大体积混凝土工程。火山灰质硅酸盐水泥适用于有抗渗要求的工程。粉煤灰硅酸盐水泥适用于抗裂性要求较高的构件。

65. BCDE

【解析】将砖、石、砌块等块材粘结成为砌体的砂浆称为砌筑砂浆，它由胶凝材料、细骨料、掺加料和水配制而成的工程材料。

66. AC

【解析】方位：为了表明该地形区域的方位及道路路线的走向，地形图样中用箭头表示其方位。线型：使用双点画线表示规划红线，细点画线表示道路中心线，以粗实线绘制道路各条车道及分隔带。地形地物：地形情况一般用等高线或地形线表示。可向垂直道路中心线方向引一直线，注写里程桩号，如2K+550，即距离道路起点2550m。图中曲线控制点ZH为曲线起点，HY为"缓圆"交点，QZ为"曲中"点，YH为"圆缓"交点，HZ为"缓直"交点。

67. ACDE

【解析】市政管道工程施工图包括平面图、横断面图、关键节点大样图、井室结构图、附件安装图。

68. DE

【解析】袋装砂井和塑料排水带施工所用钢管内径略大于两者尺寸。砂袋会塑料排水带应高出砂垫层不少于100mm。预压区中心部位的砂垫层底标高应高于周边的砂垫层底标高，以利于排水。堆载预压施工，应根据设计要求分级逐渐加载，在加载过程中每天进行竖向变形量、水平位移及孔隙水压力等项目的检测，且根据监测资料控制加载速率。竖向变形量每天不宜超过10~15mm,水平位移量每天不宜超过4~7mm。

69. ACD

【解析】基础砌筑前要清理地基,不得留有浮泥等杂物。开始砌筑时,第一层块石应先坐浆,先砌四周石部分再填砌中间填心部分。面石砌筑时,上下二层的石块要错缝,同一层面石要按一顺一丁或一丁二顺砌筑。混凝土基础施工前一般应先在基坑底部先铺筑一层混凝土垫层,以保护地基。混凝土自高处倾落时,其自由倾落高度不宜超过2m。

70. ABE

【解析】在一个基础中,同一水平面内的接桩数不得超过桩基总数的50%,相邻桩的接桩位置应错开1.0m以上。承受轴向荷载为主的摩擦桩沉桩时,入土深度控制以桩尖设计标高为主,最后以贯入度作为参考。在饱和的细、中、粗砂中连续沉桩时,易使流动的砂紧密挤实于桩的周围,妨碍砂中水分沿桩上升,在桩尖下形成压力很大的"水垫",使桩产生暂时的极大贯入阻力,休息一定时间之后,贯入阻力就降低,这种现象称为桩的"假极限"。在黏土中连续沉桩时,由于土的渗透系数小,桩周围水不能渗透扩散而沿着桩身向上挤出,形成桩周围水的润滑套,使桩周摩擦阻力大为减小,但休息一定时间后,桩周围水消失,桩周围摩擦阻力恢复、增大,这种现象称为"吸入"。出现上述两种情况时,均应暂停一定时间后进行复打,以确定桩的实际承载力。

71. ACD

【解析】施工项目进度控制的措施主要有组织措施、技术措施、合同措施、经济措施。组织措施主要是建立健全目标控制组织,完善组织内各部门及人员的职责分工;落实控制责任;制定有关规章制度;保证制度的贯彻与执行;建立健全控制信息流通的渠道。技术措施主要是项目目标控制中所用的技术措施有两大类:一类是硬技术,即工艺技术;一类是软技术,即管理技术。合同措施是指严格执行和完成合同规定的一切内容,阶段性检查合同履行情况,对偏离合同的行为应及时采取纠正措施。经济措施是指经济是项目管理的保证,是目标控制的基础。建立健全经济责任制,根据不同的控制目标,制定完成目标值和未完成目标值的奖惩制度,制定一系列保证目标实现的奖励措施。

72. ACD

【解析】三力平衡汇交定理:一刚体受共面且不平行的三个力作用而平衡时,这三个力的作用线必汇交于一点。

73. AC

【解析】在平面问题中,力矩为代数量。当力沿其作用线移动时,不会改变力对某点的矩。当力或力臂为零时,力矩等于零。力矩和力偶不是一个意思。

74. ACD

【解析】城镇道路与公路比较,具有以下特点:
1) 功能多样、组成复杂、艺术要求高;
2) 车辆多、类型复杂、但车速差异大;
3) 道路交叉口多,易发生交通阻滞和交通事故;
4) 城镇道路需要大量附属设施和交通管理设施;
5) 城镇道路规划、设计和施工的影响因素多;
6) 行人交通量大,交通吸引点多,使得车辆和行人交通错综复杂,非机动车相互干涉严重；

7）城镇道路规划、设计应满足城市建设管理的需求。

75. ABCE

【解析】城市道路网布局形式主要分为方格网式、环形放射式、自由式和混合式四种形式。

76. ABCD

【解析】路面是由各种材料铺筑而成的，通常由一层或几层组成，路面可分为面层、垫层和基层，磨耗层又称为表面层。

77. BCDE

【解析】按用途分类，市政工程定额可分为：施工定额、概算定额、预算定额和概算指标。

78. ABCE

【解析】工程量清单计价的特点有满足竞争的需要；竞争条件平等；有利于工程款的拨付；有利于建设单位对投资的控制。

79. BC

【解析】按精度分为精密经纬仪和普通经纬仪，按读数设备可分为光学经纬仪和游标经纬仪；按轴系构造可分为复测经纬仪和方向经纬仪。

80. ABCE

【解析】根据《建筑工程施工质量验收统一标准》规定，抽样方案可以采取以下方式：

1）计量、计数或计量—计数方式；
2）一次、二次或多次抽样方式；
3）根据生产连续性和生产控制稳定性情况，采用调整型抽样方案；
4）对重要的项目可采用简易快速的试验方法时，可选用全数检验方案；
5）经工程实践验证有效的抽样方案。

下篇　岗位知识与专业技能

第一章　工程质量管理的基本知识

一、判断题

1. 工程质量是指承建工程的使用价值，是工程满足社会需要所必须具备的质量特征，是一组固有特性满足要求的程度。

【答案】正确

【解析】工程质量是指承建工程的使用价值，是工程满足社会需要所必须具备的质量特征，是一组固有特性满足要求的程度。

2. 工程质量管理为实现工程建设的质量方针、目标，进行质量策划、质量控制、质量保证和质量改进等系列活动。

【答案】正确

【解析】工程质量管理为实现工程建设的质量方针、目标，进行质量策划、质量控制、质量保证和质量改进等系列活动。

3. 全面质量管理是以组织全员参与为中心，以质量为基础，以顾客满意、组织成员和社会均能受益为长期目标的质量管理形式。

【答案】错误

【解析】全面质量管理是以质量为中心，以组织全员参与为基础，以顾客满意、组织成员和社会均能受益为长期目标的质量管理形式。

4. 全面质量管理的基本要求："三全"的要求；"为用户服务"的观点；"预防为主"的理念；"用数据说话"的方法。

【答案】正确

【解析】全面质量管理的基本要求："三全"的要求；"为用户服务"的观点；"预防为主"的理念；"用数据说话"的方法。

5. 建立健全质量管理体系，项目部必须建立质量管理体系，建立项目质量管理制度，配备的质量员、试验员、测量员，加强质量教育培训，提高全员质量意识，全面贯彻落实企业的质量方针和目标。

【答案】正确

【解析】建立健全质量管理体系，项目部必须建立质量管理体系，建立项目质量管理制度，配备的质量员、试验员、测量员，加强质量教育培训，提高全员质量意识，全面贯彻落实企业的质量方针和目标。

6. 根据施工方案在开工前进行技术交底，对影响工程质量的各种因素、各个环节，首先进行分析研究，实现有效的事前控制。

【答案】正确

【解析】根据方案在开工前进行技术交底，对影响工程质量的各种因素、各个环节，首先进行分析研究，实现有效的事前控制。

7. 加强技术规范、施工技术、质量标准以及监理程序等文件的学习，严格按设计和规范要求施工，对分部分项工程质量进行检查、验收，并妥善处理质量问题。

【答案】错误

【解析】加强技术规范、施工图纸、质量标准以及监理程序等文件的学习，严格按设计和规范要求施工，对分部分项工程质量进行检查、验收，并妥善处理质量问题。

8. 贯彻"谁施工谁负责质量"的原则，坚持"三检制"，加强结果管理，严格控制工程质量。

【答案】错误

【解析】贯彻"谁施工谁负责质量"的原则，坚持"三检制"，加强过程管理，严格控制工程质量。

9. 施工准备阶段的质量控制主要包括：施工人员熟悉图纸、操作规程和质量标准；材料、构配件、设备等进场检验。

【答案】正确

【解析】施工准备阶段的质量控制主要包括：施工人员熟悉图纸、操作规程和质量标准；材料、构配件、设备等进场检验。

10. 若全部项目合格，则进行分项工程验收，若有项目不合格，则按不合格控制程序执行。

【答案】错误

【解析】若全部项目合格，则进行分项工程验收，若有项目不合格，则进行整改直至合格后进行分项工程验收，如整改后仍不能达到合格标准，则按相关的不合格控制程序执行。

11. ISO9000族标准是ISO国际标准化组织TC/176技术委员会制定的所有国际标准，其核心是质量保证标准（ISO9001）和质量管理标准（ISO9004）。

【答案】正确

【解析】ISO9000族标准是ISO国际标准化组织TC/176技术委员会制定的所有国际标准，其核心是质量保证标准（ISO9001）和质量管理标准（ISO9004）。

12. ISO900族标准的基本思想，最主要的有两条：其一是操作的思想，其二是预防的思想。

【答案】错误

【解析】ISO900族标准的基本思想，最主要的有两条：其一是控制的思想，其二是预防的思想。

13. ISO900族标准不是产品的技术标准，而是针对组织的管理结构、人员、技术能力、各项规章制度、技术文件和内部监督机制等一系列体现组织保证产品及服务质量的管理措施的标准。

【答案】正确

【解析】ISO900族标准不是产品的技术标准，而是针对组织的管理结构、人员、技术能力、各项规章制度、技术文件和内部监督机制等一系列体现组织保证产品及服务质量的管理措施的标准。

14. 2000 版 ISO9000 的主要内容包括：一个中心，两个基本点，三个沟通，三种监视和测量，四大质量管理过程，四种质量管理体系基本方法，四个策划，八项质量管理原则和十二个质量管理基础。

【答案】错误

【解析】2000 版 ISO9000 的主要内容包括：一个中心，两个基本点，两个沟通，三种监视和测量，四大质量管理过程，四种质量管理体系基本方法，四个策划，八项质量管理原则和十二个质量管理基础。

15. 《工程建设施工企业质量管理规范》是根据 2003 年"全国建筑市场与工程质量安全管理工作会议"上提出的"要强化施工企业的工程质量安全保证体系的建立和正常运行"指示精神，正式立项编制的国家标准。

【答案】正确

【解析】《工程建设施工企业质量管理规范》是根据 2003 年"全国建筑市场与工程质量安全管理工作会议"上提出的"要强化施工企业的工程质量安全保证体系的建立和正常运行"指示精神，正式立项编制的国家标准。

16. 施工企业的质量管理活动应围绕活动的定义、活动的控制、活动的改进为主线展开。

【答案】错误

【解析】施工企业的质量管理活动应围绕活动的定义、活动的测量、活动的改进为主线展开。

17. 过程方法是一种质量管理原则，企业在运用过程方法建立质量管理体系时，应将过程方法与组织的实际相结合。

【答案】正确

【解析】过程方法是一种质量管理原则，企业在运用过程方法建立质量管理体系时，应将过程方法与组织的实际相结合。

18. 企业首先要结合管理的宗旨和顾客要求、试用的法律法规要求，确定企业的质量方针和质量目标；随后确定为实现质量方针和质量目标所需的过程、过程的顺序和相互关系；并确定负责过程的部门或人员以及必需的文件。

【答案】正确

【解析】企业首先要结合管理的宗旨和顾客要求、试用的法律法规要求，确定企业的质量方针和质量目标；随后确定为实现质量方针和质量目标所需的过程、过程的顺序和相互关系；并确定负责过程的部门或人员以及必需的文件。

19. 过程管理是在确定过程的输入和输出的基础上，确定所需的活动和资源、确定对过程和活动的监视和测量的要求；按确定的结果实施测量、监视和控制；对测量、监视和控制的结果进行分析，并识别改进过程的机会。

【答案】正确

【解析】过程管理是在确定过程的输入和输出的基础上，确定所需的活动和资源、确定对过程和活动的监视和测量的要求；按确定的结果实施测量、监视和控制；对测量、监视和控制的结果进行分析,并识别改进过程的机会。

二、单选题

1. 与一般的产品质量相比较,工程质量具有如下一些特点:影响因素多,质量变动（　　）,决策、设计、材料、机械、环境、施工工艺、管理制度以及参建人员素质等均直接或间接地影响工程质量。

A. 大　　　　　　　　　　B. 小
C. 较大　　　　　　　　　D. 较小

【答案】A

【解析】与一般的产品质量相比较,工程质量具有如下一些特点:影响因素多,质量变动大,决策、设计、材料、机械、环境、施工工艺、管理制度以及参建人员素质等均直接或间接地影响工程质量。

2. 工程项目建设不像一般工业产品的生产那样,在固定的生产流水线,有规范化的生产工艺和完善的检测技术,有成套的生产设备和稳定的生产环境,因此工程质量具有（　　）、质量波动较大的特点。

A. 干扰因素多　　　　　　B. 检测技术不完善
C. 不稳定的生产环境　　　D. 管理水平参差不齐

【答案】A

【解析】工程项目建设不像一般工业产品的生产那样,在固定的生产流水线,有规范化的生产工艺和完善的检测技术,有成套的生产设备和稳定的生产环境,因此工程质量具有干扰因素多、质量波动较大的特点。

3. 项目负责人代表企业实施施工项目管理,组建项目部。贯彻执行国家法律、法规、政策和（　　）标准,执行企业的管理制度,维护企业的合法权益。

A. 合法性　　　　　　　　B. 合理性
C. 强制性　　　　　　　　D. 自主性

【答案】C

【解析】项目负责人代表企业实施施工项目管理,组建项目部。贯彻执行国家法律、法规、政策和强制性标准,执行企业的管理制度,维护企业的合法权益。

4. 项目技术负责人的职责之一是负责施工组织设计、安全专项施工方案、关键部位、特殊工序以及（　　）技术交底。

A. "四新"　　　　　　　　B. "三全"
C. "三新"　　　　　　　　D. 隐蔽工程

【答案】A

【解析】项目技术负责人的职责之一是负责施工组织设计、安全专项施工方案、关键部位、特殊工序以及"四新"技术交底。

5. 以下哪项不是施工岗位职责（　　）。

A. 参与施工组织管理策划
B. 参与制订并调整施工进展计划、施工资源需求计划,编制施工作业计划
C. 负责施工作业班组的技术交底

D. 负责施工中技术质量问题的解决和处理

【答案】D

【解析】"施工中技术质量问题的解决和处理"属于项目技术负责人的职责。

6. 以下哪项不属于质量员岗位职责（　　）。
   A. 参与进行施工质量策划　　　　B. 参与材料、设备采购
   C. 参与制定工序质量控制措施　　D. 参与制定管理制度

【答案】D

【解析】"参与制定管理制度"属于施工员的职责。

7. 以下哪项不属于资料员岗位职责（　　）。
   A. 负责提供管理数据、信息资料
   B. 参与建立施工资料管理系统
   C. 负责汇总、整理、移交劳务管理资料
   D. 负责施工资料管理系统的运用、服务和管理

【答案】C

【解析】"负责汇总、整理、移交劳务管理资料"属于劳务员的职责。

8. 以下哪项属于安全员岗位职责（　　）。
   A. 参与施工现场环境监督管理
   B. 负责核查进厂材料、设备的质量保证资料，进场资料的抽样复验、见证取样、委托、送检和标识
   C. 负责施工控制网的测试
   D. 负责施工的各个阶段和各主要部位的放线、验线

【答案】A

【解析】"核查进厂材料、设备的质量保证资料，进场资料的抽样复验、见证取样、委托、送检和标识"属于试验员的职责。"施工控制网的测试"和"施工的各个阶段和各主要部位的放线、验线"属于测量员岗位职责。

9. ISO族标准就是在（　　）、程序、过程、总结方面规范质量管理。
   A. 职责　　　　　　　　　　　B. 机构
   C. 范围　　　　　　　　　　　D. 组织

【答案】B

【解析】ISO族标准就是在机构、程序、过程、总结方面规范质量管理。

10. 以下哪种不属于三种监视和测量（　　）。
    A. 体系业绩监视和测量　　　　B. 过程的监视和测量
    C. 产品的监视和测量　　　　　D. 结果的监视和测量

【答案】D

【解析】三种监视和测量：体系业绩监视和测量，过程的监视和测量，产品的监视和测量。

11. 以下哪项不属于四大质量管理过程（　　）。
    A. 管理职责过程　　　　　　　B. 资源管理过程
    C. 机构管理过程　　　　　　　D. 产品实现过程

【解析】四大质量管理过程：管理职责过程，资源管理过程，产品实现过程，测量、分析和改进过程。

12. 以下哪项不属于四个策划（　　）。
    A. 质量管理体系策划   B. 产品实现策划
    C. 设计和开发策划   D. 机构管理策划

【答案】D

【解析】四个策划：质量管理体系策划、产品实现策划、设计和开发策划和改进策划。

13. 市政工程质量管理中实施ISO9000标准的意义不包括（　　）。
    A. 降低产品成本，提高经济效益   B. 提高工作效率
    C. 提高工作质量   D. 开拓国内外市场的需要

【答案】C

【解析】市政工程质量管理中实施ISO9000标准的意义：降低产品成本，提高经济效益；提高工作效率；提高组织的声誉、扩大组织知名度；开拓国内外市场的需要。

14. 虽然每个施工企业的过程具有独特性，但仍可确定一些典型过程，例如：企业管理过程，资源管理过程，实现过程，（　　）。
    A. 测量、收集绩效分析数据过程   B. 改进有效性和效率过程
    C. 测量、分析与改进过程   D. 反思过程

【答案】C

【解析】虽然每个施工企业的过程具有独特性，但仍可确定一些典型过程，例如：企业管理过程，资源管理过程，实现过程，测量、分析与改进过程。

15. 施工企业质量管理的各项要求是通过（　　）实现的。
    A. 质量管理体系   B. 工程管理体系
    C. 质量员管理体系   D. 质量控制体系

【答案】A

【解析】施工企业质量管理的各项要求是通过质量管理体系实现的。

三、多选题

1. 工程建设项目，特别是市政工程建设项目具有建设规模大、（　　）等特点。这一特点，决定了质量策划的难度。
    A. 检测技术不完善   B. 分期建设
    C. 多种专业配合   D. 对施工工艺和施工方法的要求高
    E. 专业性强

【答案】BCD

【解析】工程建设项目，特别是市政工程建设项目具有建设规模大、分期建设、多种专业配合、对施工工艺和施工方法的要求高等特点。这一特点，决定了质量策划的难度。

2. 工程项目建设人力资源组织复杂，有（　　），此外还有分包企业人员和劳务人员。
    A. 企业的管理人员   B. 现场施工专业人员

C. 工程管理人员 D. 作业人员
E. 监管人员

【答案】ABD

【解析】工程项目建设人力资源组织复杂，有企业的管理人员、现场施工专业人员、作业人员，此外还有分包企业人员和劳务人员。

3. 施工机械设备是指施工过程中使用的各类机具设备，包括运输设备、（　　）以及施工安全设施等。

A. 施工器具 B. 操作工具
C. 测量仪器 D. 计量器具
E. 检测器具

【答案】BCD

【解析】施工机械设备是指施工过程中使用的各类机具设备，包括运输设备、操作工具、测量仪器、计量器具以及施工安全设施等。

4. 影响施工质量的因素主要包括五大方面：（　　）、方法和环境。在施工过程中对这五方面因素严加控制是保证工程质量的关键。

A. 人员 B. 设备
C. 机械 D. 材料
E. 规程

【答案】ACD

【解析】影响施工质量的因素主要包括五大方面：人员、机械、材料、方法和环境。在施工过程中对这五方面因素严加控制是保证工程质量的关键。

第二章　施工质量计划的内容和编制方法

一、判断题

1. 质量策划包括质量管理体系、产品实现计划以及改进过程的策划。

【答案】错误

【解析】质量策划包括质量管理体系、产品实现计划以及过程运行的策划。

2. 施工项目质量计划是指确定施工项目的质量目标、实现质量目标规定必要的作业过程、专门的质量措施和资源配置等工作。

【答案】正确

【解析】施工项目质量计划是指确定施工项目的质量目标、实现质量目标规定必要的作业过程、专门的质量措施和资源配置等工作。

3. 确定达到目标的途径，即确定达到目标所需要的过程。这些过程要么是链式的，要么是并列的。

【答案】错误

【解析】确定达到目标的途径，即确定达到目标所需要的过程。这些过程可能是链式的，也可能是并列的，还可能既是链式的，又有并列的过程。

4. 质量策划是对相关的过程进行的一种事先的安排和部署，而任何过程必须由人员来完成。

【答案】正确

【解析】质量策划是对相关的过程进行的一种事先的安排和部署，而任何过程必须由人员来完成。

5. 质量策划的难点和重点就是落实质量职责。

【答案】错误

【解析】质量策划的难点和重点就是落实质量职责和权限。

6. 在承包合同环境下质量计划是企业向顾客表明质量管理方针、目标及其具体实现的方法、手段和措施，体现企业对质量责任的承诺和实施的具体步骤。

【答案】正确

【解析】在承包合同环境下质量计划是企业向顾客表明质量管理方针、目标及其具体实现的方法、手段和措施，体现企业对质量责任的承诺和实施的具体步骤。

7. 施工项目质量计划是指确定施工项目的质量目标和如何达到这些质量目标所规定必要的作业过程、专门的质量措施和资源等工作。

【答案】正确

【解析】施工项目质量计划是指确定施工项目的质量目标和如何达到这些质量目标所规定必要的作业过程、专门的质量措施和资源等工作。

8. 为满足工程项目合同质量要求和项目质量目标值的实现，项目开工后应由项目负责人主持编制质量计划。

【答案】错误

【解析】为满足工程项目合同质量要求和项目质量目标值的实现，项目开工前应由项目负责人主持编制质量计划。

9. 质量计划应重点体现质量控制，从工序、分项工程、分部工程到单位工程的过程控制，且体现从资源投入到完成工程项目最终检验和试验的全过程控制。

【答案】正确

【解析】质量计划应重点体现质量控制，从工序、分项工程、分部工程到单位工程的过程控制，且体现从资源投入到完成工程项目最终检验和试验的全过程控制。

10. 质量计划实施中的每一过程都应体现计划、实施、检查、处理的持续改进过程。

【答案】正确

【解析】质量计划实施中的每一过程都应体现计划、实施、检查、处理的持续改进过程。

11. 施工质量计划的编制主体是施工承包企业，施工企业应规定质量目标、方针、企业标准以及项目施工质量计划编制批准的程序。

【答案】正确

【解析】施工质量计划的编制主体是施工承包企业，施工企业应规定质量目标、方针、企业标准以及项目施工质量计划编制批准的程序。

12. 在总承包的情况下，分包企业的施工质量计划是总包企业施工质量的组成部分。

【答案】正确

【解析】在总承包的情况下，分包企业的施工质量计划是总包企业施工质量的组成部分。

13. 根据市政工程施工特点，项目质量计划通常不被纳入施工组织设计。

【答案】错误

【解析】根据市政工程施工特点，项目质量计划通常纳入施工组织设计。

14. 施工质量计划的主要内容包括：编制依据、项目概括、质量目标、组织机构、保证体系、质量控制过程与手段，关键过程和特殊过程及作业指导书。

【答案】正确

【解析】施工质量计划的主要内容包括：编制依据、项目概括、质量目标、组织机构、保证体系、质量控制过程与手段，关键过程和特殊过程及作业指导书。

15. 收集的资料主要有施工规范规程、质量评定标准和类似的工程经验等资料。

【答案】正确

【解析】收集的资料主要有施工规范规程、质量评定标准和类似的工程经验等资料。

16. 确定项目目标，首先应依据施工组织设计的项目质量总目标和工程项目的组成与划分，逐级分解，落实责任部门和个人。

【答案】正确

【解析】确定项目目标：首先应依据施工组织设计的项目质量总目标和工程项目的组成与划分，逐级分解，落实责任部门和个人。

17. 设置质量管理体系即建立由项目负责人领导，由技术质量负责人策划并组织实施，质量管理人员检查监督，项目专业分包商、施工作业队组各负其责的质量管理体系。

【答案】正确

【解析】设置质量管理体系即建立由项目负责人领导，由技术质量负责人策划并组织实施，质量管理人员检查监督，项目专业分包商、施工作业队组各负其责的质量管理体系。

18. 制定项目质量控制程序即根据项目部施工管理的基本程序，结合项目具体特点，在制定项目总体质量计划后，列出施工过程阶段、节点和总体质量水平有影响的项目，作为施工重点。

【答案】错误

【解析】制定项目质量控制程序即根据项目部施工管理的基本程序，结合项目具体特点，在制定项目总体质量计划后，列出施工过程阶段、节点和总体质量水平有影响的项目，作为具体的质量控制点。

19. 质量管理人员应按照特长分工，控制质量计划的实施，并应按照规定保存过程相关记录。

【答案】错误

【解析】质量管理人员应按照岗位责任分工，控制质量计划的实施，并应按照规定保存过程相关记录。

20. 项目技术负责人应定期组织具有资质的质检人员进行外部质量审核，并验证质量计划的实施效果，当项目控制中存在问题或隐患时，应提出解决措施。

【答案】错误

【解析】项目技术负责人应定期组织具有资质的质检人员进行内部质量审核，并验证质量计划的实施效果，当项目控制中存在问题或隐患时，应提出解决措施。

21. 实施工程出现的不合格品，项目部质量管理部门有权提出返工修补处理、降级处理或作不合格品处理。

【答案】正确

【解析】实施工程出现的不合格品，项目部质量管理部门有权提出返工修补处理、降级处理或作不合格品处理。

22. 质量监督检查部门以图纸、技术资料、检测记录为依据用书面形式向以下各方发出通知：当分项分部项目工程不合格时通知项目负责人；当分项工程不合格时通知项目质量负责人和生产负责人；当单位工程不合格时通知项目负责人和公司主管经理。

【答案】错误

【解析】质量监督检查部门以图纸、技术资料、检测记录为依据用书面形式向以下各方发出通知：当分项分部项目工程不合格时通知项目质量负责人和生产负责人；当分项工程不合格时通知项目负责人；当单位工程不合格时通知项目负责人和公司主管经理。

23. 当不合格品通知方和接收方意见不能协调时，则上级质量监督检查部门、公司质量主管负责人，乃至项目部负责人裁决。

【答案】正确

【解析】当不合格品通知方和接收方意见不能协调时，则上级质量监督检查部门、公司质量主管负责人，乃至项目部负责人裁决。

24. 项目部负责按照质量计划的要求在施工活动后实施。

【答案】错误

【解析】项目部负责按照质量计划的要求在施工活动中实施。

25. 项目部技术负责人应定期组织具有资质的质检人员进行内部质量审核，且验证质量计划的实施效果，当项目控制中存在问题或隐患时，应提出解决措施。

【答案】正确

【解析】项目部技术负责人应定期组织具有资质的质检人员进行内部质量审核，且验证质量计划的实施效果，当项目控制中存在问题或隐患时，应提出解决措施。

26. 对重复出现的质量问题，责任人应承担相应的责任，并依据评价结果接受处罚。

【答案】正确

【解析】对出现的质量问题，责任人应承担相应的责任，并依据评价结果接受处罚。

27. 当质量计划需修改时，由项目部质量员提出修改意见，报项目负责人审批。

【答案】错误

【解析】当质量计划需修改时，由项目部技术负责人提出修改意见，报项目负责人审批。

28. 工程竣工后，与质量计划有关的文件由项目部及公司存档。

【答案】正确

【解析】工程竣工后，与质量计划有关的文件由项目部及公司存档。

二、单选题

1. 质量策划重点应放在（   ）的策划，策划过程应与施工方案、施工部署紧密结合。

    A. 工程项目实现过程　　　　　　B. 工程项目设计
    C. 工程项目控制过程　　　　　　D. 工程筹划过程

【答案】A

【解析】质量策划重点应放在工程项目实现过程的策划，策划过程应与施工方案、施工部署紧密结合。

2. 质量目标指合同范围内的全部工程的所有使用功能符合设计（或更改）图纸要求。（   ）、分部、单位工程质量达到既定的施工质量验收标准。

    A. 分段　　　　　　　　　　　　B. 分项
    C. 隐蔽　　　　　　　　　　　　D. 大型

【答案】B

【解析】质量目标指合同范围内的全部工程的所有使用功能符合设计（或更改）图纸要求。分项、分部、单位工程质量达到既定的施工质量验收标准。

3. （   ）是本工程实施的最高负责人，对工程符合设计、验收规范、标准要求负责；对各阶段按期交工负责。

    A. 项目负责人　　　　　　　　　B. 施工负责人
    C. 管理负责人　　　　　　　　　D. 企业法人

【答案】A

【解析】项目负责人是本工程实施的最高负责人，对工程符合设计、验收规范、标准要求负责；对各阶段按期交工负责。

4. 以下不属于质量计划的编制要求有（　　）。
A. 材料、设备、机械、劳务及实验等采购控制
B. 施工工艺过程的控制
C. 搬运、存储、包装、成品保护和交付过程的控制
D. 质量管理体系的设置

【答案】D

【解析】质量管理体系的设置属于施工项目质量计划编制的方法。

5. 质量计划对进厂采购的工程材料、工程机械设备、施工机械设备、工具等做具体规定，包括对建设方供应产品的标准及进场复验要求；（　　）；明确追溯内容的形成，记录、标志的主要方法；需要的特殊质量保证证据等。
A. 采购的法规与规定　　　　　B. 工程施工阶段的确定
C. 正确试验程序的控制　　　　D. 采购的规程

【答案】A

【解析】质量计划对进厂采购的工程材料、工程机械设备、施工机械设备、工具等做具体规定，包括对建设方供应产品的标准及进场复验要求；采购的法规与规定；明确追溯内容的形成，记录、标志的主要方法；需要的特殊质量保证证据等。

6. 工程检测项目方法及控制措施中，如钢材进场必须进行型号、（　　）、炉号、批量等内容的检验。
A. 钢种　　　　　　　　　　　B. 尺寸
C. 类型　　　　　　　　　　　D. 规格

【答案】A

【解析】工程检测项目方法及控制措施中，如钢材进场必须进行型号、钢种、炉号、批量等内容的检验。

三、多选题

1. 以下属于质量计划的编制要求的有（　　）。
A. 质量目标　　　　　　　　　B. 管理职责
C. 资源提供　　　　　　　　　D. 项目改进策划
E. 管理计划

【答案】ABC

【解析】质量计划的编制要求包括质量目标、管理职责、资源提供、项目实现过程策划。

2. 以下属于质量计划的编制要求的有（　　）。
A. 安装和调试的过程控制
B. 检（试）验、试验和测量的过程控制
C. 检（试）验、试验和测量设备的过程控制
D. 不合格品的控制
E. 质量监管

【答案】ABCD

【解析】质量计划的编制要求包括安装和调试的过程控制、检（试）验、试验和测量的过程控制、检（试）验、试验和测量设备的过程控制、不合格品的控制。

3. 属于施工项目质量计划编制的方法有（　　）。
A. 收集有关工程资料　　　　　　B. 确定项目质量目标
C. 设置质量管理体系　　　　　　D. 制定项目质量控制程序
E. 明确质量监管体系

【答案】ABCD

【解析】施工项目质量计划编制的方法有：收集有关工程资料，确定项目质量目标，设置质量管理体系，制定项目质量控制程序。

4. 属于施工项目质量计划编制的方法有（　　）。
A. 材料设备质量管理及措施　　　B. 工程检测项目方法及控制措施
C. 施工工艺过程的控制　　　　　D. 安装和调试的过程控制
E. 材料与机械设备的检测

【答案】AB

【解析】"施工工艺过程的控制"和"安装和调试的过程控制"属于质量计划的编制要求。

第三章 市政工程主要材料的质量评价

一、判断题

1. 基层混合料质量评价的依据标准有《公路路面基层施工技术规范》JTJ 034—2000。

【答案】正确

【解析】基层混合料质量评价的依据标准有《公路路面基层施工技术规范》JTJ 034—2000。

2. 基层混合料质量评价的依据标准有《公路工程无机结合料稳定材料试验规程》JTG E51—2009。

【答案】正确

【解析】基层混合料质量评价的依据标准有《公路工程无机结合料稳定材料试验规程》JTG E51—2009。

3. 石灰稳定土的干缩和温缩特性不明显。

【答案】错误

【解析】石灰稳定土的干缩和温缩特性十分明显,且都会导致裂缝。

4. 石灰土可用于高等级路面的基层和底基层。

【答案】错误

【解析】石灰土已被严格禁止用于高等级路面的基层,只能用于高级路面的底基层。

5. 水泥稳定土可用于高等级路面的基层和底基层。

【答案】错误

【解析】水泥稳定土只适用于高级路面的底基层。

6. 二灰稳定土有良好的力学性能、板体性和水稳性,但其抗冻性能没有石灰土强。

【答案】错误

【解析】二灰稳定土有良好的力学性能、板体性、水稳性和一定的抗冻性,其抗冻性能比石灰土高很多。

7. 二灰中的粉煤灰用量越多,早期强度越低,3个月龄期的强度增长幅度也越大。

【答案】正确

【解析】二灰中的粉煤灰用量越多,早期强度越低,3个月龄期的强度增长幅度也越大。

8. 对于石灰工业废渣稳定土基层,塑性指数在10以下的粉质黏土和砂土宜采用石灰稳定,如用水泥稳定,应采取适当的措施。

【答案】错误

【解析】塑性指数在10以下的粉质黏土和砂土宜采用水泥稳定,如用石灰稳定,应采取适当的措施。

9. 对于石灰工业废渣稳定土基层,塑性指数在15以下适用于水泥和石灰综合稳定。

【答案】错误

【解析】塑性指数在15以上适用于水泥和石灰综合稳定。

10. 在石灰工业废渣稳定土中，为提高石灰工业废渣的早期强度，可外加1%~2%的水泥。

【答案】正确

【解析】在石灰工业废渣稳定土中，为提高石灰工业废渣的早期强度，可外加1%~2%的水泥。

11. 粉煤灰中的SiO_2、Al_2O_3和Fe_2O_3总量宜大于70%，细度应满足90%通过0.30mm筛孔，70%通过0.075筛孔。

【答案】正确

【解析】粉煤灰中的SiO_2、Al_2O_3和Fe_2O_3总量宜大于70%，细度应满足90%通过0.30mm筛孔，70%通过0.075筛孔。

12. 沥青混合料质量评定依据标准有《城镇道路工程施工与质量验收规范》CJJ 1—2008。

【答案】正确

【解析】沥青混合料质量评定依据标准有《城镇道路工程施工与质量验收规范》CJJ 1—2008。

13. 沥青混合料质量评定依据标准有《公路沥青路面施工技术规范》JTG F40—2004。

【答案】正确

【解析】沥青混合料质量评定依据标准有《公路沥青路面施工技术规范》JTG F40—2004。

14. 沥青混合料质量评定依据标准有《公路工程集料试验规程》JTG E42—2005。

【答案】正确

【解析】沥青混合料质量评定依据标准有《公路工程集料试验规程》JTG E42—2005。

15. 普通沥青混合料即AC型沥青混合料，适用于城市主干路。

【答案】错误

【解析】普通沥青混合料即AC型沥青混合料，适用于城市次干路、辅路或人行道等场所。

16. 改性沥青混合料与AC型混合料相比具有较高的路面抗流动性。

【答案】正确

【解析】改性沥青混合料与AC型混合料相比具有较高的路面抗流动性。

17. 改性沥青具有良好的路面柔性和弹性，较低的耐磨耗能力和延长使用寿命。

【答案】错误

【解析】改性沥青具有良好的路面柔性和弹性，较高的耐磨耗能力和延长使用寿命。

18. SMA适用于城市主干道和城镇快速路。

【答案】正确

【解析】SMA适用于城市主干道和城镇快速路。

19. 同一沥青混合料或同一段路面，至少平行试验3个试件。当3个试件动稳定度变异系数不大于20%时，取其平均值作为试验结果。

【答案】正确

【解析】同一沥青混合料或同一段路面，至少平行试验3个试件。当3个试件动稳定度变异系数不大于20%时，取其平均值作为试验结果。

20. 沥青压实度试验方法多样,通过检测路段数据整理方法,计算一个评定本路段检测的压实度平均值、变异系数、标准差,并代表压实度的试验结果。

【答案】正确

【解析】沥青压实度试验方法多样,通过检测路段数据整理方法,计算一个评定本路段检测的压实度平均值、变异系数、标准差,并代表压实度的试验结果。

21. 钢材检测依据有《钢筋混凝土用钢 第一部分:热轧光圆钢筋》GB 1499.1—2008。

【答案】正确

【解析】钢材检测依据有《钢筋混凝土用钢 第一部分:热轧光圆钢筋》GB 1499.1—2008。

22. 钢材检测依据有《金属材料弯曲试验方法》GB/T 232—2010。

【答案】正确

【解析】钢材检测依据有《金属材料弯曲试验方法》GB/T 232—2010。

23. 钢材检测依据有《金属材料拉伸试验第1部分:室温试验方法》GB/T 228.1—2010。

【答案】正确

【解析】钢材检测依据有《金属材料拉伸试验第1部分:室温试验方法》GB/T 228.1—2010。

24. 钢材检测依据有《钢筋焊接及验收规程》JGJ 18—2012。

【答案】正确

【解析】钢材检测依据有《钢筋焊接及验收规程》JGJ 18—2012。

25. 钢材检测依据有《钢筋焊接接头试验方法标准》JGJ/T 27—2001。

【答案】正确

【解析】钢材检测依据有《钢筋焊接接头试验方法标准》JGJ/T 27—2001。

26. 钢材检测依据有《钢筋机械连接技术规程》JGJ 107—2010。

【答案】正确

【解析】钢材检测依据有《钢筋机械连接技术规程》JGJ 107—2010。

27. 钢筋检测依据有《混凝土结构工程施工质量验收规范》GB 50204—2002(2011年版)。

【答案】正确

【解析】钢筋检测依据有《混凝土结构工程施工质量验收规范》GB 50204—2002(2011年版)。

28. 拉伸试验中,如果有一根试验的某一项指标试验结果不符合产品标准的规定,则应加倍取样,重新检测全部拉伸试验指标。

【答案】正确

【解析】拉伸试验中,如果有一根试验的某一项指标试验结果不符合产品标准的规定,则应加倍取样,重新检测全部拉伸试验指标。

29. 拉伸试验中,如果试验后试样出现两个或两个以上的缩颈以及显示出肉眼可见的冶金缺陷,不需要在试验记录和报告中注明。

【答案】错误

【解析】拉伸试验中,如果试验后试样出现两个或两个以上的缩颈以及显示出肉眼可见的冶金缺陷，应在试验记录和报告中注明。

30. 机械焊接接头连接件的屈服承载力和受拉承载力的标准值不应小于被连接钢筋的屈服承载力和受压承载力标准值的 1.00 倍。

【答案】错误

【解析】机械焊接接头连接件的屈服承载力和受拉承载力的标准值不应小于被连接钢筋的屈服承载力和受压承载力标准值的 1.10 倍。

31. 混凝土质量评价依据标准有《混凝土结构工程施工验收规范》GB 50204—2002（2011 年版）。

【答案】正确

【解析】混凝土质量评价依据标准有《混凝土结构工程施工验收规范》GB 50204—2002（2011 年版）。

32. 混凝土质量评价依据标准有《建筑用碎石、卵石》GB/T 14685—2011。

【答案】正确

【解析】混凝土质量评价依据标准有《建筑用碎石、卵石》GB/T 14685—2011。

33. 混凝土质量评价依据标准有《混凝土外加剂应用技术规范》GB 50119—2013。

【答案】正确

【解析】混凝土质量评价依据标准有《混凝土外加剂应用技术规范》GB 50119—2013。

34. 混凝土质量评价依据标准有《普通混凝土拌合物性能试验方法标准》GB/T 50080—2002。

【答案】正确

【解析】混凝土质量评价依据标准有《普通混凝土拌合物性能试验方法标准》GB/T 50080—2002。

35. 混凝土质量评价依据标准有《普通混凝土力学性能试验方法标准》GB/T 50081—2002。

【答案】正确

【解析】混凝土质量评价依据标准有《普通混凝土力学性能试验方法标准》GB/T 50081—2002。

36. 混凝土质量评价依据标准有《普通混凝土长期性能和耐久性能试验方法标准》GB/T 50082—2009。

【答案】正确

【解析】混凝土质量评价依据标准有《普通混凝土长期性能和耐久性能试验方法标准》GB/T 50082—2009。

37. 为了克服混凝土抗拉强度低的缺陷，人们还将水泥混凝土与其他材料复合，出现了钢筋混凝土、预应力混凝土、各种纤维增强混凝土及聚合物浸渍混凝土。

【答案】正确

【解析】为了克服混凝土抗拉强度低的缺陷，人们还将水泥混凝土与其他材料复合，出现了钢筋混凝土、预应力混凝土、各种纤维增强混凝土及聚合物浸渍混凝土。

38. 通过坍落度试验，当混凝土试件的一侧发生崩坍或一边剪切破坏，应记录。

【答案】错误

【解析】通过坍落度试验，当混凝土试件的一侧发生崩坍或一边剪切破坏，应重新取样另测。如果第二次仍发生上述情况，应记录。

39. 砌筑材料质量评定依据标准有《砌墙砖试验方法》GB/T 2542—2003。

【答案】正确

【解析】砌筑材料质量评定依据标准有《砌墙砖试验方法》GB/T 2542—2003。

40. 砌筑材料质量评定依据标准有《蒸压灰砂砖》GB 11945—1999。

【答案】正确

【解析】砌筑材料质量评定依据标准有《蒸压灰砂砖》GB 11945—1999。

41. 砌筑材料质量评定依据标准有《烧结多孔砖和多孔砌块》GB 13544—2011。

【答案】正确

【解析】砌筑材料质量评定依据标准有《烧结多孔砖和多孔砌块》GB 13544—2011。

42. 砌筑材料质量评定依据标准有《粉煤灰砖》JC 239—2001。

【答案】正确

【解析】砌筑材料质量评定依据标准有《粉煤灰砖》JC 239—2001。

43. 根据工程各施工特点，将预制构件分为结构预制构件（装配式）和小型预制构件。

【答案】正确

【解析】根据工程各施工特点，将预制构件分为结构预制构件（装配式）和小型预制构件。

44. 小型预制构件包括混凝土路缘石、混凝土路面砖、混凝土管材、检查井盖、座等。

【答案】正确

【解析】小型预制构件包括混凝土路缘石、混凝土路面砖、混凝土管材、检查井盖、座等。

45. 预制构件的外观检查质量不应有严重缺陷，对已经出现的严重缺陷，应按技术处理方案进行处理，并重新检查验收。

【答案】正确

【解析】预制构件的外观检查质量不应有严重缺陷，对已经出现的严重缺陷，应按技术处理方案进行处理，并重新检查验收。

46. 预制构件不应有影响结构性能和安装、使用功能的尺寸偏差。对超尺寸允许偏差且影响结构性能和安装、使用功能的部位，应按技术处理方案进行处理，并重新检查验收。

【答案】正确

【解析】预制构件不应有影响结构性能和安装、使用功能的尺寸偏差。对超尺寸允许偏差且影响结构性能和安装、使用功能的部位，应按技术处理方案进行处理，并重新检查验收。

47. 经检（试）验外观质量及尺寸偏差的所用项目都符合某一等级规定时，判定该项为相应质量等级。

【答案】正确

【解析】经检（试）验外观质量及尺寸偏差的所用项目都符合某一等级规定时，判定该项为相应质量等级。

48. 防水材料质量评价的依据标准有《弹性体改性沥青防水卷材（SBS）》GB 18242—2000。

【答案】正确

【解析】防水材料质量评价的依据标准有《弹性体改性沥青防水卷材（SBS）》GB 18242—2000。

49. 防水材料质量评价的依据标准有《弹性体改性沥青防水卷材（APP）》GB 18243—2000。

【答案】错误

【解析】防水材料质量评价的依据标准有《塑性体改性沥青防水卷材（APP）》GB 18243—2000。

50. 防水材料按胎基分为聚酯胎（PY）和玻纤胎（G）两类。

【答案】正确

【解析】防水材料按胎基分为聚酯胎（PY）和玻纤胎（G）两类。

51. 用最小分度值为1mm卷尺在卷材两端和中部三处测量宽度、长度，以长乘宽的平均值求得每卷卷材面积。若有接头，以量出两段长度之和减去150mm计算。

【答案】正确

【解析】用最小分度值为1mm卷尺在卷材两端和中部三处测量宽度、长度，以长乘宽的平均值求得每卷卷材面积。若有接头，以量出两段长度之和减去150mm计算。

52. 桥梁结构构配件质量评价的依据标准有《预应力筋用锚具、夹具和连接器应用技术规程》JGJ/85—2010，备案号J1141—2010。

【答案】正确

【解析】桥梁结构构配件质量评价的依据标准有《预应力筋用锚具、夹具和连接器应用技术规程》JGJ/85—2010，备案号J1141—2010。

53. 桥梁结构构配件质量评价的依据标准有《公路桥梁伸缩缝装置》JT/T 327—2004。

【答案】正确

【解析】桥梁结构构配件质量评价的依据标准有《公路桥梁伸缩缝装置》JT/T 327—2004。

54. 桥梁结构构配件质量评价的依据标准有《预应力混凝土用钢绞线》GB/T 5224—2003。

【答案】正确

【解析】桥梁结构构配件质量评价的依据标准有《预应力混凝土用钢绞线》GB/T 5224—2003。

55. 伸缩缝必须符合设计要求，必须检查出厂合格证和出厂价格构配件性能报告。

【答案】正确

【解析】伸缩缝必须符合设计要求，必须检查出厂合格证和出厂价格构配件性能报告。

56. 优等品石灰爆裂不允许出现最大破坏尺度大于2mm的爆裂区域。

【答案】正确

【解析】优等品石灰爆裂不允许出现最大破坏尺度大于2mm的爆裂区域。

57. 装配式预制构件包括钢筋混凝土空心梁板、混凝土桩、混凝土柱、混凝土桁架等。

【答案】正确

【解析】装配式预制构件包括钢筋混凝土空心梁板、混凝土桩、混凝土柱、混凝土桁架等。

58. 用最小分度值为0.1kg的台秤量每卷卷材的质量。

【答案】错误

【解析】用最小分度值为0.2kg的台秤量每卷卷材的质量。

二、单选题

1. 以下不属于常用的基层材料（　　）。
   A. 石灰稳定土类基层　　　　　　B. 水泥稳定土基层
   C. 石灰工业废渣稳定土基层　　　D. 钢筋稳定基层

【答案】D

【解析】常用的基层材料包括：石灰稳定土类基层，水泥稳定土基层，石灰工业废渣稳定土基层。

2. 石灰稳定土有良好的板体性，但其（　　）、抗冻性以及早期强度不如水泥稳定土。
   A. 力学性能　　　　　　　　　　B. 水稳性
   C. 塑性　　　　　　　　　　　　D. 耐久性

【答案】B

【解析】石灰稳定土有良好的板体性，但其水稳性、抗冻性以及早期强度不如水泥稳定土。

3. 石灰土的强度随龄期增长，并与养护温度密切相关，温度低于（　　）℃时强度几乎不增长。
   A. 10　　　　　　　　　　　　　B. 5
   C. 0　　　　　　　　　　　　　 D. -5

【答案】B

【解析】石灰土的强度随龄期增长，并与养护温度密切相关，温度低于5℃时强度几乎不增长。

4. 水泥稳定土的初期强度（　　），其强度随期龄增长。
   A. 高　　　　　　　　　　　　　B. 低
   C. 增长明显　　　　　　　　　　D. 增加平缓

【答案】A

【解析】水泥稳定土的初期强度高，其强度随期龄增长。

5. 石灰工业废渣稳定土中，应用最多、最广的是（　　），简称二灰稳定土。
   A. 石灰粉类的稳定土　　　　　　B. 煤灰类的稳定土
   C. 石灰粉煤灰类的稳定土　　　　D. 矿渣类的稳定土

【答案】C

【解析】石灰工业废渣稳定土中，应用最多、最广的是石灰粉煤灰类的稳定土，简称二灰稳定土。

6. 二灰稳定土早期强度（　　），随龄期增长，并与养护温度密切相关。
   A. 较低　　　　　　　　　　　　B. 较高

C. 低 D. 高

【答案】A

【解析】二灰稳定土早期强度较低，随龄期增长，并与养护温度密切相关。

7. 塑性指数在 15~20 的黏性土以及含有一定数量黏性土的中粒土和粗粒土适合于用（ ）稳定。
   A. 石灰 B. 水泥
   C. 二灰稳定土 D. 石膏

【答案】A

【解析】塑性指数在 15~20 的黏性土以及含有一定数量黏性土的中粒土和粗粒土适合于用石灰稳定。

8. 基层混合料的无侧限抗压强度，根据现场按不同材料（水泥、粉煤灰、石灰）剂量，采用不同拌合方法制出的混合料，按最佳含水量和计算得的干密度制备试件，进行（ ）d 无侧限抗压强度判定。
   A. 1 B. 3
   C. 7 D. 28

【答案】C

【解析】基层混合料的无侧限抗压强度，根据现场按不同材料（水泥、粉煤灰、石灰）剂量，采用不同拌合方法制出的混合料，按最佳含水量和计算得的干密度制备试件，进行 7d 无侧限抗压强度判定。

9. 基层混合料压实度，通过试验应在同一点进行两次平行测定，两次测定的差值不得大于（ ）g/cm^3。
   A. 0.01 B. 0.03
   C. 0.05 D. 0.08

【答案】B

【解析】基层混合料压实度，通过试验应在同一点进行两次平行测定，两次测定的差值不得大于 $0.03g/cm^3$。

10. 钢材是钢锭、（ ）或钢材通过压力加工制成需要的各种形状、尺寸和性能的材料。
    A. 钢板 B. 钢坯
    C. 钢圈 D. 钢丝

【答案】B

【解析】钢材是钢锭、钢坯或钢材通过压力加工制成需要的各种形状、尺寸和性能的材料。

11. 根据断面形状的不同，钢材一般分为型材、板材、管材和（ ）四大类。
    A. 金属制品 B. 塑材
    C. 钢筋 D. 辅材

【答案】A

【解析】根据断面形状的不同，钢材一般分为型材、板材、管材和金属制品四大类。

12. 钢材应用广泛、品种繁多，对于市政工程用钢材多的主要是（ ）和预应力钢筋混凝土所用钢材。

A. 钢筋混凝土
B. 金属品
C. 板材
D. 型材

【答案】A

【解析】钢材应用广泛、品种繁多，对于市政工程用钢材多的主要是钢筋混凝土和预应力钢筋混凝土所用钢材。

13. 根据 GB 50204—2002（2011年版）要求，进场钢筋必须进行钢筋重量偏差检测。测量钢筋重量偏差时，试样应从不同钢筋上截取，数量不少于（　　）根。

A. 3
B. 5
C. 7
D. 9

【答案】B

【解析】根据 GB 50204—2002（2011年版）要求，进场钢筋必须进行钢筋重量偏差检测。测量钢筋重量偏差时，试样应从不同钢筋上截取，数量不少于5根。

14. 根据 GB 50204—2002（2011年版）要求，进场钢筋必须进行钢筋重量偏差检测，测量钢筋重量偏差时，试样应从不同钢筋上截取，每根试样长度不小于（　　）mm。

A. 100
B. 300
C. 350
D. 500

【答案】D

【解析】根据 GB 50204—2002（2011年版）要求，进场钢筋必须进行钢筋重量偏差检测，测量钢筋重量偏差时，试样应从不同钢筋上截取，每根长度不小于500mm。

15. 对混凝土中的原材料进行试验：检查水泥出厂合格证和出厂（检）试验报告，应对其强度、细度、安定性和（　　）抽样复检。

A. 凝固时间
B. 韧度
C. 耐磨度
D. 体积稳定性

【答案】A

【解析】正确混凝土中的原材料进行试验：检查水泥出厂合格证和出厂（检）试验报告，应对其强度、细度、安定性和凝固时间抽样复检。

16. 混凝土按（　　）m^2 且不超过半个工作班生产的相同配合比的留置一组试件，并经检（试）验合格。

A. 2
B. 3
C. 4
D. 5

【答案】D

【解析】混凝土按 $5m^2$ 且不超过半个工作班生产的相同配合比的留置一组试件，并经检（试）验合格。

17. 混凝土路缘石外观质量优等品缺棱掉角影响顶面或侧面的破坏最大投影尺寸应不大于（　　）mm。

A. 0
B. 10
C. 15
D. 20

【答案】B

【解析】混凝土路缘石外观质量优等品缺棱掉角影响顶面或侧面的破坏最大投影尺寸应不大于10mm。

18. 混凝土路缘石外观质量一等品缺棱掉角影响顶面或侧面的破坏最大投影尺寸应不大于（　　）mm。
    A. 0　　　　　　　　　　　　B. 10
    C. 15　　　　　　　　　　　 D. 20

【答案】C

【解析】混凝土路缘石外观质量一等品缺棱掉角影响顶面或侧面的破坏最大投影尺寸应不大于15mm。

19. 混凝土路缘石外观质量合格品缺棱掉角影响顶面或侧面的破坏最大投影尺寸应不大于（　　）mm。
    A. 10　　　　　　　　　　　 B. 20
    C. 30　　　　　　　　　　　 D. 40

【答案】C

【解析】混凝土路缘石外观质量合格品缺棱掉角影响顶面或侧面的破坏最大投影尺寸应不大于30mm。

20. 混凝土路缘石外观质量优等品面层非贯穿裂纹最大投影尺寸应不大于（　　）mm。
    A. 0　　　　　　　　　　　　B. 10
    C. 15　　　　　　　　　　　 D. 20

【答案】A

【解析】混凝土路缘石外观质量优等品面层非贯穿裂纹最大投影尺寸应不大于0。

21. 混凝土路缘石外观质量一等品面层非贯穿裂纹最大投影尺寸应不大于（　　）mm。
    A. 0　　　　　　　　　　　　B. 10
    C. 15　　　　　　　　　　　 D. 20

【答案】B

【解析】混凝土路缘石外观质量一等品面层非贯穿裂纹最大投影尺寸应不大于10mm。

22. 混凝土路缘石外观质量合格品面层非贯穿裂纹最大投影尺寸应不大于（　　）mm。
    A. 0　　　　　　　　　　　　B. 10
    C. 15　　　　　　　　　　　 D. 20

【答案】D

【解析】混凝土路缘石外观质量合格品面层非贯穿裂纹最大投影尺寸应不大于20mm。

23. 混凝土路缘石外观质量优等品可视面粘皮（蜕皮）及表面缺损面积应不大于（　　）mm。
    A. 10　　　　　　　　　　　 B. 20
    C. 30　　　　　　　　　　　 D. 40

【答案】B

【解析】混凝土路缘石外观质量优等品可视面粘皮（蜕皮）及表面缺损面积应不大于20mm。

24. 混凝土路缘石外观质量一等品可视面粘皮（蜕皮）及表面缺损面积应不大于

( )mm。
A. 10 B. 20
C. 30 D. 40

【答案】C

【解析】混凝土路缘石外观质量一等品可视面粘皮（蜕皮）及表面缺损面积应不大于30mm。

25. 混凝土路缘石外观质量合格品可视面粘皮（蜕皮）及表面缺损面积应不大于（ ）mm。
A. 10 B. 20
C. 30 D. 40

【答案】D

【解析】混凝土路缘石外观质量合格品可视面粘皮（蜕皮）及表面缺损面积应不大于40mm。

26. 路面砖外观质量优等品正面粘皮及缺损的最大投影尺寸应不大于（ ）mm。
A. 0 B. 5
C. 10 D. 20

【答案】A

【解析】路面砖外观质量优等品正面粘皮及缺损的最大投影尺寸应不大于0。

27. 路面砖外观质量一等品正面粘皮及缺损的最大投影尺寸应不大于（ ）mm。
A. 0 B. 5
C. 10 D. 20

【答案】B

【解析】路面砖外观质量一等品正面粘皮及缺损的最大投影尺寸应不大于5mm。

28. 路面砖外观质量合格品正面粘皮及缺损的最大投影尺寸应不大于（ ）mm。
A. 0 B. 5
C. 10 D. 20

【答案】C

【解析】路面砖外观质量合格品正面粘皮及缺损的最大投影尺寸应不大于10mm。

29. 路面砖外观质量优等品缺棱掉角的最大投影尺寸应不大于（ ）mm。
A. 0 B. 5
C. 10 D. 20

【答案】A

【解析】路面砖外观质量优等品缺棱掉角的最大投影尺寸应不大于0。

30. 路面砖外观质量一等品缺棱掉角的最大投影尺寸应不大于（ ）mm。
A. 0 B. 5
C. 10 D. 20

【答案】C

【解析】路面砖外观质量一等品缺棱掉角的最大投影尺寸应不大于10mm。

31. 路面砖外观质量合格品缺棱掉角的最大投影尺寸应不大于（ ）mm。

A. 0　　　　　　　　　　　　　B. 5
C. 10　　　　　　　　　　　　 D. 20

【答案】D

【解析】路面砖外观质量合格品缺棱掉角的最大投影尺寸应不大于20mm。

32. 路面砖外观质量优等品非贯穿裂纹长度最大投影尺寸应不大于（　　）mm。
　　A. 0　　　　　　　　　　　　　B. 5
　　C. 10　　　　　　　　　　　　 D. 20

【答案】A

【解析】路面砖外观质量优等品非贯穿裂纹长度最大投影尺寸应不大于0。

33. 路面砖外观质量一等品非贯穿裂纹长度最大投影尺寸应不大于（　　）mm。
　　A. 0　　　　　　　　　　　　　B. 5
　　C. 10　　　　　　　　　　　　 D. 20

【答案】C

【解析】路面砖外观质量一等品非贯穿裂纹长度最大投影尺寸应不大于10mm。

34. 路面砖外观质量合格品非贯穿裂纹长度最大投影尺寸应不大于（　　）mm。
　　A. 0　　　　　　　　　　　　　B. 5
　　C. 10　　　　　　　　　　　　 D. 20

【答案】D

【解析】路面砖外观质量合格品非贯穿裂纹长度最大投影尺寸应不大于20mm。

35. 成卷卷材应卷紧卷齐，端面里进外出不得超过（　　）mm。
　　A. 5　　　　　　　　　　　　　B. 10
　　C. 15　　　　　　　　　　　　 D. 20

【答案】B

【解析】成卷卷材应卷紧卷齐，端面里进外出不得超过10mm。

36. 成卷卷材在4~60℃任一产品温度下展开，在距卷芯（　　）mm长度外不应有10mm以上的裂纹或粘结。
　　A. 500　　　　　　　　　　　　B. 800
　　C. 1000　　　　　　　　　　　 D. 1200

【答案】C

【解析】成卷卷材在4~60℃任一产品温度下展开，在距卷芯1000mm长度外不应有10mm以上的裂纹或粘结。

37. 锚具、夹具和连接器的硬度检（试）验要求每个零件测试点为（　　）点，当硬度值符合设计要求分范围应判为合格。
　　A. 1　　　　　　　　　　　　　B. 2
　　C. 3　　　　　　　　　　　　　D. 5

【答案】C

【解析】锚具、夹具和连接器的硬度检（试）验要求每个零件测试点为3点，当硬度值符合设计要求分范围应判为合格。

三、多选题

1. 沥青混合料分为（　　）。
   A. 粗粒式 B. 中粒式
   C. 细粒式 D. 砂粒式
   E. 石粒式

【答案】ABC

【解析】沥青混合料分为粗粒式、中粒式、细粒式。

2. 改性沥青混合料是指掺加橡胶、（　　）、磨细的橡胶粉或其他填料等外掺剂，使沥青或沥青混合料的性能得以改善制成的沥青混合剂。
   A. 二灰 B. 水泥
   C. 树脂 D. 高分子聚合物
   E. 有机物

【答案】CD

【解析】改性沥青混合料是指掺加橡胶、树脂、高分子聚合物、磨细的橡胶粉或其他填料等外掺剂，使沥青或沥青混合料的性能得以改善制成的沥青混合剂。

3. SMA 是一种以（　　）组成的沥青玛琋脂结合料，填充于间断及配的矿料骨架中，所形成的混合料。
   A. 橡胶 B. 沥青
   C. 矿粉 D. 纤维稳定剂
   E. 高分子聚合物

【答案】BCD

【解析】SMA 是一种以沥青、矿粉及纤维稳定剂组成的沥青玛琋脂结合料，填充于间断及配的矿料骨架中，所形成的混合料。

4. 沥青主要以（　　）三大指标来，评价沥青的质量符合设计或规范要求。
   A. 强度 B. 软化点
   C. 针入度 D. 延度
   E. 扩展度

【答案】BCD

【解析】沥青主要以软化点、针入度、延度即三大指标，来评价沥青的质量符合设计或规范要求。

5. 按表观密度不同，混凝土分（　　）。
   A. 重混凝土 B. 轻混凝土
   C. 密混凝土 D. 普通混凝土
   E. 防辐射混凝土

【答案】ABD

【解析】按表观密度不同，混凝土分重混凝土、普通混凝土、轻混凝土。

6. 按使用功能不同，混凝土分（　　）、水工混凝土、耐热混凝土、耐酸混凝土、大体积混凝土及防辐射混凝土。

A. 道路混凝土 B. 桥梁混凝土
C. 结构用混凝土 D. 耐寒混凝土
E. 基础结构混凝土

【答案】AC

【解析】按使用功能不同，混凝土分结构用混凝土、道路混凝土、水工混凝土、耐热混凝土、耐酸混凝土、大体积混凝土及防辐射混凝土。

7. 按施工工艺不同，混凝土分（　　）等。
   A. 喷射混凝土 B. 泵送混凝土
   C. 灌浆混凝土 D. 振动灌浆混凝土
   E. 预拌混凝土

【答案】ABD

【解析】按施工工艺不同，混凝土分喷射混凝土、泵送混凝土、振动灌浆混凝土等。

8. 按抗压强度等级不同，混凝土分（　　）。
   A. 普通混凝土 B. 低强度混凝土
   C. 高强度混凝土 D. 超高强度混凝土
   E. 特种混凝土

【答案】ACD

【解析】按抗压强度等级不同，混凝土分普通混凝土、高强度混凝土、超高强度混凝土。

9. 混凝土强度分为（　　）等。
   A. 抗压强度 B. 抗折强度
   C. 抗拉强度 D. 抗弯强度
   E. 疲劳强度

【答案】ABC

【解析】混凝土强度分为抗压强度、抗折强度、抗拉强度等。

10. 砌筑材料使用原料和工艺制作及外形特征不同可分为（　　）。
    A. 烧结砖 B. 非烧结砖
    C. 空心砖 D. 粉煤灰砖
    E. 实心砖

【答案】AB

【解析】砌筑材料使用原料和工艺制作及外形特征不同可分为烧结砖和非烧结砖。

11. 以下哪项不属于烧结砖（　　）。
    A. 黏土砖 B. 空心砌砖
    C. 碳化砖 D. 页岩砖
    E. 蒸压灰砖

【答案】BCE

【解析】空心砌砖和碳化砖、蒸压灰砖属于非烧结砖。

12. 以下哪项属于非烧结砖（　　）。
    A. 粉煤灰砖 B. 蒸压灰砂砖

C. 炉渣砖 D. 页岩砖
E. 黏土砖

【答案】ABC

【解析】粉煤灰砖、蒸压灰砂砖、炉渣砖属于非烧结砖。

13. 烧结普通（多孔）砖MU30，其抗压强度平均值要求不小于（　　）MPa。
A. 10 B. 20
C. 30 D. 35
E. 40

【答案】C

【解析】烧结普通（多孔）砖MU30，其抗压强度平均值要求不小于30MPa。

14. 装配式预制构件的质量评价包括（　　）。
A. 检查预制构件合格证，预制构件必须符合设计要求
B. 外观质量
C. 尺寸偏差
D. 强度
E. 结构性能检（试）验

【答案】ABCDE

【解析】装配式预制构件的质量评价包括检查预制构件合格证，预制构件必须符合设计要求；外观质量；尺寸偏差；强度；结构性能检（试）验。

15. 防水材料质量评价的内容包括（　　）。
A. 检查防水材料的出厂合格证和性能检（试）验报告
B. 卷重、面积及厚度
C. 外观
D. 物理力学性能
E. 化学组成及性能

【答案】ABCD

【解析】防水材料质量评价的内容包括检查防水材料的出厂合格证和性能检（试）验报告；卷重、面积及厚度；外观；物理力学性能。

16. 桥梁结构构配件支座分为（　　）。
A. 板式支座（四氟板支座） B. 盆式橡胶支座
C. QZ球形支座 D. 模数式支座
E. 梳齿式支座

【答案】ABC

【解析】桥梁结构构配件支座分为板式支座（四氟板支座）、盆式橡胶支座、QZ球形支座。

17. 桥梁结构构配件伸缩缝装置分为（　　）。
A. QZ球形伸缩缝 B. QZ盆式伸缩缝
C. 模数式桥梁伸缩缝装置 D. 梳齿式伸缩缝
E. 板式橡胶伸缩缝

【答案】CDE

【解析】桥梁结构构配件伸缩缝装置分为模数式桥梁伸缩缝装置、梳齿式伸缩缝、板式橡胶伸缩缝。

第四章 工程质量控制的方法

一、判断题

1. 工程施工质量有着严格的要求和标准，应满足设计要求和标准规定；市政工程施工质量还需要满足使用功能要求和安全性要求。

【答案】正确

【解析】工程施工质量有着严格的要求和标准，应满足设计要求和标准规定；市政工程施工质量还需要满足使用功能要求和安全性要求。

2. 对于重要工程或关键施工部位所用的材料，原则上必须进行全部检（试）验，材料质量抽样和检（试）验的方法要符合有关材料质量标准和测试规程，能反应检验（收）批次材料的质量与性能。

【答案】正确

【解析】对于重要工程或关键施工部位所用的材料，原则上必须进行全部检（试）验，材料质量抽样和检（试）验的方法要符合有关材料质量标准和测试规程，能反应检验（收）批次材料的质量与性能。

3. 施工准备阶段的控制是指工程正式开始前所进行的质量策划，这项工作是工程施工质量控制的基础和先导。

【答案】正确

【解析】施工准备阶段的控制是指工程正式开始前所进行的质量策划，这项工作是工程施工质量控制的基础和先导。

4. 施工阶段质量控制是整个工程质量控制的重点。根据工程项目质量目标要求，加强对施工现场及施工工艺的监督管理，重点控制工序质量，督促施工人员严格按设计施工图纸、施工工艺、国家有关质量标准和操作规程进行施工和管理。

【答案】正确

【解析】施工阶段质量控制是整个工程质量控制的重点。根据工程项目质量目标要求，加强对施工现场及施工工艺的监督管理，重点控制工序质量，督促施工人员严格按设计施工图纸、施工工艺、国家有关质量标准和操作规程进行施工和管理。

5. 质量预控是指施工技术人员和质量管理人员事先对分项分部工程进行分析，找出在施工过程中可能或容易出现的质量环节，制订相应的对策，采取质量预控措施予以预防。

【答案】正确

【解析】质量预控是指施工技术人员和质量管理人员事先对分项分部工程进行分析，找出在施工过程中可能或容易出现的质量环节，制订相应的对策，采取质量预控措施予以预防。

6. 技术交底是施工技术管理的重要环节，通常分为分项、分部和单位工程，按照企业管理规定在正式施工前分别进行。

【答案】 正确

【解析】 技术交底是施工技术管理的重要环节，通常分为分项、分部和单位工程，按照企业管理规定在正式施工前分别进行。

7. 施工项目完工后，施工单位应自行组织有关人员进行检验，并将资料与自检结果，报监理单位申请验收。

【答案】 正确

【解析】 施工项目完工后，施工单位应自行组织有关人员进行检验，并将资料与自检结果，报监理单位申请验收。

8. 监理单位应根据《建设工程监理规范》的要求对工程进行竣工预验收。符合规定后由监理单位向建设单位提交工程竣工报告和完整的质量控制资料，申请建设单位组织竣工验收。

【答案】 错误

【解析】 监理单位应根据《建设工程监理规范》的要求对工程进行竣工预验收。符合规定后由施工单位向建设单位提交工程竣工报告和完整的质量控制资料，申请建设单位组织竣工验收。

9. 建设单位项目负责人应根据监理单位的工程竣工报告组织建设、勘查、设计、施工、监理项目负责人，并邀请监督部门参加工程验收。

【答案】 正确

【解析】 建设单位项目负责人应根据监理单位的工程竣工报告组织建设、勘查、设计、施工、监理项目负责人，并邀请监督部门参加工程验收。

10. 质量控制点是指对工程项目的性能、安全、寿命、可靠性等有一定影响的关键部位及对下道工序有影响的关键工序，为保证工程质量需要进行控制的重点、关键部位或薄弱环节，需在施工过程中进行严格管理，以使关键工序及部位处于良好的控制状态。

【答案】 正确

【解析】 质量控制点是指对工程项目的性能、安全、寿命、可靠性等有一定影响的关键部位及对下道工序有影响的关键工序，为保证工程质量需要进行控制的重点、关键部位或薄弱环节，需在施工过程中进行严格管理，以使关键工序及部位处于良好的控制状态。

11. 技术质量负责人在施工前要向施工作业班组进行认真交底，使每一个控制点上的施工人员明白施工操作规程及质量检（试）验评定标准，掌握施工操作要领；在施工过程中，相关施工技术管理和质量管理人员要在现场进行重点指导和检查验收。

【答案】 正确

【解析】 技术质量负责人在施工前要向施工作业班组进行认真交底，使每一个控制点上的施工人员明白施工操作规程及质量检（试）验评定标准，掌握施工操作要领；在施工过程中，相关施工技术管理和质量管理人员要在现场进行重点指导和检查验收。

二、单选题

1. 灌注孔桩时，混凝土面的高程应比设计高程高出（　　）cm左右，灌注完毕后即可抽掉泥浆，挖除桩顶浮浆，但必须留下20cm左右等混凝土完全凝固后再进行凿除，以保证不扰动桩顶混凝土。

A. 60~80 B. 70~90
C. 80~100 D. 90~110

【答案】C

【解析】灌注孔桩时，混凝土面的高程应比设计高程高出80~100cm左右，灌注完毕后即可抽掉泥浆，挖除桩顶浮浆，但必须留下20cm左右等混凝土完全凝固后再进行凿除，以保证不扰动桩顶混凝土。

三、多选题

1. 影响工程质量的主要因素控制包括（　　）。
   A. 人的因素影响 B. 材料的控制
   C. 机械设备的控制 D. 工艺方法的控制
   E. 环境因素的控制

【答案】ABCDE

【解析】影响工程质量的主要因素控制包括人的因素影响、材料的控制、机械设备的控制、工艺方法的控制、环境因素的控制。

2. 工程建设项目中的人员包括（　　）等直接参与市政工程建设的所有人员。
   A. 决策管理人员 B. 技术人员
   C. 操作人员 D. 监理人员
   E. 督查人员

【答案】ABC

【解析】工程建设项目中的人员包括决策管理人员、技术人员、操作人员等直接参与市政工程建设的所有人员。

3. 材料包括（　　），是工程施工的主要物质基本，没有材料就无法施工。
   A. 原材料 B. 成品
   C. 半成品 D. 构配件
   E. 劳保用品

【答案】ABCD

【解析】材料包括原材料、成品、半成品、构配件，是工程施工的主要物质基本，没有材料就无法施工。

4. 方法控制包括工程项目整个建设周期内所采取的（　　）等的控制。
   A. 施工技术方案 B. 工艺流程
   C. 检测手段 D. 施工组织设计
   E. 施工用料

【答案】ABCD

【解析】方法控制包括工程项目整个建设周期内所采取的施工技术方案、工艺流程、检测手段、施工组织设计等的控制。

5. 施工准备阶段质量控制主要包括（　　）。
   A. 建立项目质量控制管理体系和质量保证体系，编制项目质量保证计划
   B. 制订施工现场的各种质量管理制度，完善项目计量及质量检测技术和手段

C. 组织设计交底和图纸审核,是施工项目质量控制的重要环节

D. 编制施工组织设计,将质量保证计划与施工工艺和施工组织进行融合,是施工项目质量控制的至关重要环节

E. 对材料供应商和分包商进行评估和审核

【答案】ABCDE

【解析】施工准备阶段质量控制主要包括建立项目质量控制管理体系和质量保证体系,编制项目质量保证计划;制订施工现场的各种质量管理制度,完善项目计量及质量检测技术和手段;组织设计交底和图纸审核,是施工项目质量控制的重要环节;编制施工组织设计,将质量保证计划与施工工艺和施工组织进行融合,是施工项目质量控制的至关重要环节;对材料供应商和分包商进行评估和审核;严格控制工程所使用原材料的质量,根据工程所使用原材料情况编制材料检(试)验计划,并按计划对工程项目施工所需的原材料、半成品、构配件进行质量检查和复验,确保用于工程施工的材料质量符合规范规定和设计要求;工程测量控制资料施工现场的原始基准点、基准线、参考标高及施工控制网等数据资料,是施工之前进行质量控制的一项基础工作。

6. 施工阶段质量控制要做到施工项目有方案、质量预控有对策、技术措施有交底、材料配制使用有试验、工序交接有检查、(   )。

    A. 隐蔽工程有验收   B. 成品保护有措施
    C. 行使质量一票否决   D. 设计变更有手续
    E. 质量文件有档案

【答案】ABCDE

【解析】施工阶段质量控制要做到施工项目有方案、质量预控有对策、技术措施有交底、材料配制使用有试验、工序交接有检查、隐蔽工程有验收、成品保护有措施、行使质量一票否决、设计变更有手续、质量文件有档案。

7. 技术交底的内容应根据具体工程有所不同,主要包括(   );其中质量标准要求是重要部分。

    A. 施工图纸   B. 施工组织设计
    C. 施工工艺   D. 技术安全措施
    E. 规范要求、操作规范

【答案】ABCDE

【解析】技术交底的内容应根据具体工程有所不同,主要包括施工图纸、施工组织设计、施工工艺、技术安全措施、规范要求、操作规范;其中质量标准要求是重要部分。

8. 工程竣工验收的组织包括(   )。

    A. 检验批及分项工程验收   B. 专项验收
    C. 分部工程验收   D. 竣工预验收
    E. 竣工验收

【答案】ABCDE

【解析】工程竣工验收的组织包括检验批及分项工程验收、专项验收、分部工程验收、竣工预验收、竣工验收。

9. 设置质量控制点的原则是(   )。

A. 质量控制点应突出重点
B. 质量控制点应当易于纠偏
C. 质量控制点应有利于参与工程建设的各方共同从事工程质量的控制活动
D. 保持控制点的设置的灵活性和动态性
E. 质量控制点易于管理

【答案】ABCD

【解析】设置质量控制点的原则是质量控制点应突出重点、质量控制点应当易于纠偏、质量控制点应有利于参与工程建设的各方共同从事工程质量的控制活动、保持控制点的设置的灵活性和动态性。

10. 选择质量控制点的对象和方法包括人的行为、物的状态、材料的质量与性能、（　　）。

A. 关键的操作　　　　　　　B. 施工顺序
C. 施工技术　　　　　　　　D. 常见的质量通病
E. 施工工法

【答案】ABCDE

【解析】选择质量控制点的对象和方法包括人的行为、物的状态、材料的质量与性能、关键的操作、施工顺序、施工技术、常见的质量通病、施工工法。

第五章 施工质量控制要点

一、判断题

1. 模板支架的制作与安装,对混凝土、钢筋混凝土结构与构件的外观质量、几何尺寸的准确以及结构的强度和刚度等将起到重要的作用。模板、支架的施工质量是工程质量控制的重要环节,必须引起高度重视。

【答案】正确

【解析】模板支架的制作与安装,对混凝土、钢筋混凝土结构与构件的外观质量、几何尺寸的准确以及结构的强度和刚度等将起到重要的作用。模板、支架的施工质量是工程质量控制的重要环节,必须引起高度重视。

2. 模板制作质量应符合现行国家标准。支架、拱架安装完毕,经检(试)验合格后方可安装模板,浇筑混凝土和砌筑前,应对模板、支架和拱架进行检查和验收,合格后方可施工。

【答案】正确

【解析】模板制作质量应符合现行国家标准。支架、拱架安装完毕,经检(试)验合格后方可安装模板,浇筑混凝土和砌筑前,应对模板、支架和拱架进行检查和验收,合格后方可施工。

3. 模板、支架、拱架拆除应按设计要求的程序和措施进行,遵循"先支后拆、后支先拆"的原则。

【答案】正确

【解析】模板、支架、拱架拆除应按设计要求的程序和措施进行,遵循"先支后拆、后支先拆"的原则。

4. 支架和拱架,应按施工方案循环卸落,卸落量宜由小渐大。每一循环中,在横向应同时卸落,在纵向应对称均衡卸落。

【答案】正确

【解析】支架和拱架,应按施工方案循环卸落,卸落量宜由小渐大。每一循环中,在横向应同时卸落,在纵向应对称均衡卸落。

5. 钢筋下料是结构施工的主要隐蔽项目,钢筋使用前除应检查其外观质量外,还必须按材料质量的控制要求进行检(试)验及试验。

【答案】正确

【解析】钢筋下料是结构施工的主要隐蔽项目,钢筋使用前除应检查其外观质量外,还必须按材料质量的控制要求进行检(试)验及试验。

6. 钢筋加工制作时,要将钢筋加工表与设计图复核,检查下料表是否有错误和遗漏,对每种钢筋要按下料表检查是否达到要求,经过这两道检查后,再按下料表放出实样,试制合格后方可成批制作,加工好的钢筋要挂牌堆放整齐有序。

【答案】正确

【解析】钢筋加工制作时，要将钢筋加工表与设计图复核，检查下料表是否有错误和遗漏，对每种钢筋要按下料表检查是否达到要求，经过这两道检查后，再按下料表放出实样，试制合格后方可成批制作，加工好的钢筋要挂牌堆放整齐有序。

7. 钢筋切断应根据钢筋号、直径、长度和数量，长短搭配，先断长料后断短料，尽量减少和缩短钢筋短头，以节约钢材。

【答案】正确

【解析】钢筋切断应根据钢筋号、直径、长度和数量，长短搭配，先断长料后断短料，尽量减少和缩短钢筋短头，以节约钢材。

8. 钢筋的形状、尺寸应按照设计要求进行加工。加工后的钢筋，其表面不应有削弱钢筋截面的伤痕。

【答案】正确

【解析】钢筋的形状、尺寸应按照设计要求进行加工。加工后的钢筋，其表面不应有削弱钢筋截面的伤痕。

9. 钢筋接头应按设计要求或规范规定选用焊接接头或机械连接接头。焊接接头应优先选择闪光对焊；机械连接接头适用于HRB335和HRB400光圆钢筋的连接。

【答案】错误

【解析】钢筋接头应按设计要求或规范规定选用焊接接头或机械连接接头。焊接接头应优先选择闪光对焊；机械连接接头适用于HRB335和HRB400带肋钢筋的连接。

10. 预应力筋在存放、搬运、施工操作过程中应避免机械损伤和有害的锈蚀。如长时间存放，必须安排定期的外观检查。

【答案】正确

【解析】预应力筋在存放、搬运、施工操作过程中应避免机械损伤和有害的锈蚀。如长时间存放，必须安排定期的外观检查。

11. 水泥进场时，应附有出厂检（试）验报告和产品合格证明文件。

【答案】正确

【解析】水泥进场时，应附有出厂检（试）验报告和产品合格证明文件。

12. 预应力筋张拉时千斤顶、油表和油泵配套的校验应在有效期（千斤顶使用6个月或张拉200次）范围内。

【答案】正确

【解析】预应力筋张拉时千斤顶、油表和油泵配套的校验应在有效期（千斤顶使用6个月或张拉200次）范围内。

13. 预应力筋拉完毕，实际位置与设计位置的偏差不得大于10mm，且不得大于构件截面最短边长的4%。

【答案】错误

【解析】预应力筋拉完毕，实际位置与设计位置的偏差不得大于5mm，且不得大于构件截面最短边长的4%。

14. 道路路基是路面结构的基础，路基工程的质量是道路基层、面层平整稳定的关键，坚固稳定的路基是路面荷载承受和安全行车的保障。在路基施工中，只有加强施工质量控制，严格执行技术标准，才能提高路基的稳定性，保证道路的耐久性。

【答案】 正确

【解析】 道路路基是路面结构的基础,路基工程的质量是道路基层、面层平整稳定的关键,坚固稳定的路基是路面荷载承受和安全行车的保障。在路基施工中,只有加强施工质量控制,严格执行技术标准,才能提高路基的稳定性,保证道路的耐久性。

15. 挖方路基施工,边坡修整与边坡的稳定是影响施工质量的主要工序之一。当通过高的边坡或挖方路段水文地质情况不良时,应及时采取必要的应急措施或设置必要的防护工程。

【答案】 正确

【解析】 挖方路基施工,边坡修整与边坡的稳定是影响施工质量的主要工序之一。当通过高的边坡或挖方路段水文地质情况不良时,应及时采取必要的应急措施或设置必要的防护工程。

16. 基层是路面结构中的主要承重层,主要承受由面层传来的车辆荷载垂直力,应具有足够的强度、刚度、水稳定性和平整度。

【答案】 正确

【解析】 基层是路面结构中的主要承重层,主要承受由面层传来的车辆荷载垂直力,应具有足够的强度、刚度、水稳定性和平整度。

17. 各种沥青重量均应符合设计及规范要求,粗集料应控制好级配范围,细集料应洁净、干燥、无风化、无杂质。沥青混合料品质应符合保罗米试验配合比技术要求。

【答案】 错误

【解析】 各种沥青重量均应符合设计及规范要求,粗集料应控制好级配范围,细集料应洁净、干燥、无风化、无杂质。沥青混合料品质应符合马歇尔试验配合比技术要求。

18. 铺砌式面层施工控制要点中,砂浆平均抗压强度等级应符合设计要求,任一组试件抗压强度最低值不得低于设计强度的80%。

【答案】 错误

【解析】 铺砌式面层施工控制要点中,砂浆平均抗压强度等级应符合设计要求,任一组试件抗压强度最低值不得低于设计强度的85%。

19. 护坡质量控制要点,预制砌筑强度应符合设计要求;砂浆抗压强度等级应符合设计规定,任一组试件抗压强度最低值不应低于设计强度的85%;基础混凝土强度应符合设计要求。

【答案】 正确

【解析】 护坡质量控制要点,预制砌筑强度应符合设计要求;砂浆抗压强度等级应符合设计规定,任一组试件抗压强度最低值不应低于设计强度的85%;基础混凝土强度应符合设计要求。

20. 下部结构是桥梁位于支座以下的部分,由桥墩、桥台以及它们的基础组成。下部结构作用是支承上部结构,并将结构重力传递给地基。

【答案】 正确

【解析】 下部结构是桥梁位于支座以下的部分,由桥墩、桥台以及它们的基础组成。下部结构作用是支承上部结构,并将结构重力传递给地基。

21. 现浇混凝土盖梁拆除模板后检查盖梁表面无孔洞、露筋、蜂窝、麻面;检查盖梁的裂缝，不得超过设计规定的受力裂缝，检查应全数检查。

【答案】正确

【解析】现浇混凝土盖梁拆除模板后检查盖梁表面无孔洞、露筋、蜂窝、麻面；检查盖梁的裂缝，不得超过设计规定的受力裂缝，检查应全数检查。

22. 桥梁上部结构是位于支座以上的部分，它包括承重结构和桥面系，桥梁按结构形式分为梁式桥、拱桥、钢桥、斜拉桥、悬索桥等。

【答案】正确

【解析】桥梁上部结构是位于支座以上的部分，它包括承重结构和桥面系，桥梁按结构形式分为梁式桥、拱桥、钢桥、斜拉桥、悬索桥等。

23. 水泥混凝土桥面铺装完后，面层表面应坚实、平整，无裂缝，并应有足够的粗糙度；面层伸缩缝应直顺，灌缝应密实。

【答案】正确

【解析】水泥混凝土桥面铺装完后，面层表面应坚实、平整，无裂缝，并应有足够的粗糙度；面层伸缩缝应直顺，灌缝应密实。

24. 沥青混凝土桥面铺装完成后，面层表面应坚实、平整，无裂纹、松散、油包、麻面。桥面铺装层与桥头路接槎应紧密、平顺。检查应全数检查，采用观察的方法。

【答案】正确

【解析】沥青混凝土桥面铺装完成后，面层表面应坚实、平整，无裂纹、松散、油包、麻面。桥面铺装层与桥头路接槎应紧密、平顺。检查应全数检查，采用观察的方法。

25. 干砌护坡时，护坡土基应夯实达到设计要求的压实度。砌筑时应纵横挂线，按线砌筑。需铺设砂砾垫层时，砂粒料的粒径不宜大于5cm，含砂量不宜超过30%。施工中应随填随砌，边口处应用较大石块，砌成整齐坚固的封边。

【答案】错误

【解析】干砌护坡时，护坡土基应夯实达到设计要求的压实度。砌筑时应纵横挂线，按线砌筑。需铺设砂砾垫层时，砂粒料的粒径不宜大于5cm，含砂量不宜超过40%。施工中应随填随砌，边口处应用较大石块，砌成整齐坚固的封边。

26. 堆土距沟槽边缘应不小于0.5m，且高度不应超过1.5m。

【答案】错误

【解析】堆土距沟槽边缘应不小于0.8m，且高度不应超过1.5m。

27. 在软土或其他不稳定土层中采用横排撑板支撑时，开始支撑的沟槽开挖深度不得超过1.0m。

【答案】正确

【解析】在软土或其他不稳定土层中采用横排撑板支撑时，开始支撑的沟槽开挖深度不得超过1.0m。

28. 支撑形式有横撑、竖撑和板桩撑，横撑和竖撑由撑板、主柱和撑扛组成。

【答案】正确

【解析】支撑形式有横撑、竖撑和板桩撑，横撑和竖撑由撑板、主柱和撑扛组成。

29. 当钢管或球墨铸铁管道变形率超过2%，但不超过3%时；化学建材管道变形率超过3%，但不超过5%时；应采取选用适合回填材料按规定重新回填施工，直至设计高程。

【答案】正确

【解析】当钢管或球墨铸铁管道变形率超过2%，但不超过3%时；化学建材管道变形率超过3%，但不超过5%时；应采取选用适合回填材料按规定重新回填施工，直至设计高程。

30. 盾构施工的给水排水管道设有现浇钢筋混凝土二次衬砌的，衬砌的断面形式、结构形式和厚度，以及衬砌的变形缝位置和构造符合设计要求；全断面钢筋混凝土二次衬砌的，衬砌应一次浇筑成型，浇筑时应左右对称、高度基本一致，混凝土达到规定强度方可拆模。

【答案】正确

【解析】盾构施工的给水排水管道设有现浇钢筋混凝土二次衬砌的，衬砌的断面形式、结构形式和厚度，以及衬砌的变形缝位置和构造符合设计要求；全断面钢筋混凝土二次衬砌的，衬砌应一次浇筑成型，浇筑时应左右对称、高度基本一致，混凝土达到规定强度方可拆模。

31. 泵送混凝土应符合下列规定：坍落度为60~200mm；碎石级配，骨料最大粒径25mm。

【答案】正确

【解析】泵送混凝土应符合下列规定：坍落度为60~200mm；碎石级配，骨料最大粒径25mm。

32. 混凝土灌注前，应对设立模板的外形尺寸、中线、标高、各种预埋件等进行隐蔽工程检查，并填写记录；检查合格后，方可进行灌注。

【答案】正确

【解析】混凝土灌注前，应对设立模板的外形尺寸、中线、标高、各种预埋件等进行隐蔽工程检查，并填写记录；检查合格后，方可进行灌注。

33. 夯管时，应将第一节管夯入接受工作井不少于300mm，并检查露出部分管节的外防腐层及管口损伤情况。

【答案】错误

【解析】夯管时，应将第一节管夯入接受工作井不少于500mm，并检查露出部分管节的外防腐层及管口损伤情况。

34. 沉管施工沉放前、后管道无变形、受损；沉放及接口连接后管道无滴漏、线漏和明显渗水现象。

【答案】正确

【解析】沉管施工沉放前、后管道无变形、受损；沉放及接口连接后管道无滴漏、线漏和明显渗水现象。

35. 沉管施工，接口连接形式符合设计文件要求；柔性接口无渗水现象；混凝土刚性接口密实、无裂缝，无滴漏、线漏和明显渗水现象。

【答案】正确

【解析】沉管施工，接口连接形式符合设计文件要求；柔性接口无渗水现象；混凝土刚性接口密实、无裂缝，无滴漏、线漏和明显渗水现象。

36. 桥管安装前的地基、基础、下部结构工程经验收合格，墩台顶面高程、中线及孔跨径满足设计和管道安装要求。

【答案】正确

【解析】桥管安装前的地基、基础、下部结构工程经验收合格，墩台顶面高程、中线及孔跨径满足设计和管道安装要求。

37. 管道支架底座的支承结构、预埋件等的加工、安装应符合设计要求，且连接牢固。

【答案】正确

【解析】管道支架底座的支承结构、预埋件等的加工、安装应符合设计要求，且连接牢固。

38. 桥管管节吊装的吊点位置应符合设计要求，采用分段悬臂拼装的，每管段轴线安装的挠度曲线变化应符合设计要求。

【答案】正确

【解析】桥管管节吊装的吊点位置应符合设计要求，采用分段悬臂拼装的，每管段轴线安装的挠度曲线变化应符合设计要求。

39. 井室的混凝土基础应与管道基础同时浇筑。

【答案】正确

【解析】井室的混凝土基础应与管道基础同时浇筑。

40. 砌筑结构的井室砌筑应垂直砌筑，需收口砌筑时，应按设计要求的位置设置钢筋混凝土梁进行收口。

【答案】正确

【解析】砌筑结构的井室砌筑应垂直砌筑，需收口砌筑时，应按设计要求的位置设置钢筋混凝土梁进行收口。

41. 砌筑时，铺浆应饱满，灰浆与砌筑四周粘结紧密、不得漏浆，上下砌筑应错缝砌筑。

【答案】正确

【解析】砌筑时，铺浆应饱满，灰浆与砌筑四周粘结紧密、不得漏浆，上下砌筑应错缝砌筑。

42. 砌筑时应同时安装踏步，踏步安装后再砌筑砂浆未达到规定抗压强度前不得踩踏。

【答案】正确

【解析】砌筑时应同时安装踏步，踏步安装后再砌筑砂浆未达到规定抗压强度前不得踩踏。

43. 内外井壁应采用水泥砂浆勾缝。

【答案】正确

【解析】内外井壁应采用水泥砂浆勾缝。

44. 雨水口的槽底应夯实并及时浇筑混凝土基础，雨水口位置正确，深度符合设计要求，安装不得扭歪，井框、井箅安装平稳、牢固，支、连管应顺直，无倒坡、错口及破损现象。

【答案】正确

【解析】雨水口的槽底应夯实并及时浇筑混凝土基础，雨水口位置正确，深度符合设计要求，安装不得扭歪，井框、井箅安装平稳、牢固，支、连管应顺直，无倒坡、错口及破损现象。

45. 压力管道水压试验进行实际渗水量测定时，宜采用注水法。

【答案】正确

【解析】压力管道水压试验进行实际渗水量测定时，宜采用注水法。

46. 污水、雨污水合流管道及湿陷土、膨胀土、流砂地区的雨水管道，必须经严密性试验合格后方可投入运行。

【答案】正确

【解析】污水、雨污水合流管道及湿陷土、膨胀土、流砂地区的雨水管道，必须经严密性试验合格后方可投入运行。

二、单选题

1. 钢筋调直，可用机械或人工调直。经调直后的钢筋不得有局部弯曲、死弯、小波浪形，其表面伤痕不应使钢筋截面减小（　　）。

A. 3%
B. 5%
C. 10%
D. 15%

【答案】B

【解析】钢筋调直，可用机械或人工调直。经调直后的钢筋不得有局部弯曲、死弯、小波浪形，其表面伤痕不应使钢筋截面减小5%。

2. 采用冷拉方法调直钢筋时，HPB300级钢筋的冷拉率不宜大于（　　）。

A. 1%
B. 2%
C. 3%
D. 5%

【答案】B

【解析】采用冷拉方法调直钢筋时，HPB300级钢筋的冷拉率不宜大于2%。

3. HRB335级、HRB400级钢筋的冷拉率不宜大于（　　）。

A. 1%
B. 2%
C. 3%
D. 5%

【答案】A

【解析】HRB335级、HRB400级钢筋的冷拉率不宜大于1%。

4. 箍筋弯钩的弯曲直径应大于被箍主钢筋的直径，且HPB300钢筋不得小于钢筋直径的（　　）倍。

A. 2
B. 2.5
C. 3
D. 3.5

【答案】B

【解析】箍筋弯钩的弯曲直径应大于被箍主钢筋的直径，且HPB300钢筋不得小于钢筋直径的2.5倍。

5. 箍筋弯钩的弯曲直径应大于被箍主钢筋的直径，且HRB335钢筋不得小于箍筋直径的（　　）倍。

A. 2
B. 3
C. 4
D. 5

【答案】 C

【解析】 箍筋弯钩的弯曲直径应大于被箍主钢筋的直径，且 HRB335 钢筋不得小于箍筋直径的 4 倍。

6. 弯钩平直部分的长度，一般结构不宜小于箍筋直径的（　　）倍。
   A. 2　　　　　　　　　　　　　B. 3
   C. 4　　　　　　　　　　　　　D. 5

【答案】 D

【解析】 弯钩平直部分的长度，一般结构不宜小于箍筋直径的 5 倍。

7. 弯钩平直部分的长度，有抗震要求的结构不得小于箍筋直径的（　　）倍。
   A. 4　　　　　　　　　　　　　B. 5
   C. 8　　　　　　　　　　　　　D. 10

【答案】 D

【解析】 弯钩平直部分的长度，有抗震要求的结构不得小于箍筋直径的 10 倍。

8. 预应力筋存放在室外时不得直接堆放在地面上，必须垫高、覆盖、防腐蚀、防雨露，时间不宜超过（　　）个月。
   A. 3　　　　　　　　　　　　　B. 6
   C. 12　　　　　　　　　　　　D. 24

【答案】 B

【解析】 预应力筋存放在室外时不得直接堆放在地面上，必须垫高、覆盖、防腐蚀、防雨露，时间不宜超过 6 个月。

9. 当在使用中对水泥质量有怀疑或出厂日期逾（　　）个月时，应进行复检，并按复验结果使用。
   A. 1　　　　　　　　　　　　　B. 2
   C. 3　　　　　　　　　　　　　D. 6

【答案】 C

【解析】 当在使用中对水泥质量有怀疑或出厂日期逾 3 个月（快硬硅酸盐水泥逾 1 个月）时，应进行复检，并按复验结果使用。

10. 路基压实度的控制，压实应先轻后重、先慢后快、均匀一致，压路机最快速度不宜超过（　　）km/h。
    A. 1　　　　　　　　　　　　　B. 2
    C. 3　　　　　　　　　　　　　D. 4

【答案】 D

【解析】 路基压实度的控制，压实应先轻后重、先慢后快、均匀一致，压路机最快速度不宜超过 4km/h。

11. 在施工范围内一般应选用渗水性土或砂砾填筑；台背顺路线方向，上部距翼墙尾端不少于台高加（　　）m。
    A. 1　　　　　　　　　　　　　B. 2
    C. 3　　　　　　　　　　　　　D. 4

【答案】 B

【解析】在施工范围内一般应选用渗水性土或砂砾填筑；台背顺路线方向，上部距翼墙尾端不少于台高加2m。

12. 应在接近最佳含水量状态下分层填筑，分层压实，每层松铺厚度不宜超过（　　）cm。
   A. 10　　　　　　　　　　　　　　B. 20
   C. 30　　　　　　　　　　　　　　D. 40

【答案】B

【解析】应在接近最佳含水量状态下分层填筑，分层压实，每层松铺厚度不宜超过20cm。

13. 石灰稳定土类质量控制要点中，压实度抽检，城市快速路、主干路底基层不小于（　　）。
   A. 90%　　　　　　　　　　　　　B. 93%
   C. 95%　　　　　　　　　　　　　D. 98%

【答案】C

【解析】石灰稳定土类质量控制要点中，压实度抽检，城市快速路、主干路底基层不小于95%。

14. 水泥稳定土类质量控制要点中，水泥稳定土类材料7d抗压强度，城市快速路、主干路底基层为（　　）MPa。
   A. 1～2　　　　　　　　　　　　　B. 2～3
   C. 3～4　　　　　　　　　　　　　D. 4～5

【答案】C

【解析】水泥稳定土类质量控制要点中，水泥稳定土类材料7d抗压强度，城市快速路、主干路底基层为3～4MPa。

15. 沥青混合料面层不得在雨、雪天气及环境最高温度低于（　　）℃时施工。
   A. -5　　　　　　　　　　　　　　B. 0
   C. 3　　　　　　　　　　　　　　D. 5

【答案】D

【解析】沥青混合料面层不得在雨、雪天气及环境最高温度低于5℃时施工。

16. 挡土墙地基承载力应符合设计要求，每道挡土墙基槽抽检（　　）点，查触（钎）探检测报告、隐蔽验收记录。
   A. 1　　　　　　　　　　　　　　B. 3
   C. 5　　　　　　　　　　　　　　D. 7

【答案】B

【解析】挡土墙地基承载力应符合设计要求，每道挡土墙基槽抽检3点，查触（钎）探检测报告、隐蔽验收记录。

17. 钢筋、砂浆、拉环、筋带的质量均应按设计要求控制。砌体挡土墙采用的砌筑和石料，强度应符合设计要求，按每品种、每检验（收）批（　　）组查试验报告。
   A. 1　　　　　　　　　　　　　　B. 3
   C. 5　　　　　　　　　　　　　　D. 7

【答案】A

【解析】钢筋、砂浆、拉环、筋带的质量均应按设计要求控制。砌体挡土墙采用的砌筑和石料,强度应符合设计要求,按每品种、每检验(收)批1组查试验报告。

18. 预制桩混凝土强度达到设计强度的(　　)方可运打。
A. 75%   B. 80%
C. 90%   D. 100%

【答案】D

【解析】预制桩混凝土强度达到设计强度的100%方可运打。

19. 承台混凝土浇筑后,应检查承台表面无孔洞、露筋、缺棱掉角、蜂窝、麻面和宽度超过(　　)mm的收缩裂缝。
A. 0.1   B. 0.15
C. 0.2   D. 0.25

【答案】B

【解析】承台混凝土浇筑后,应检查承台表面无孔洞、露筋、缺棱掉角、蜂窝、麻面和宽度超过0.15mm的收缩裂缝。

20. 装配式梁(板)质量控制,构件吊点的位置应符合设计要求,设计无要求时,应经计算确定。构件的吊环应竖直。吊绳与起吊构件的交角小于(　　)时应设置吊梁。
A. 30°   B. 45°
C. 60°   D. 75°

【答案】C

【解析】装配式梁(板)质量控制,构件吊点的位置应符合设计要求,设计无要求时,应经计算确定。构件的吊环应竖直。吊绳与起吊构件的交角小于60°时应设置吊梁。

21. 构件吊运时混凝土的强度不得低于设计强度的(　　)。
A. 75%   B. 80%
C. 90%   D. 100%

【答案】A

【解析】构件吊运时混凝土的强度不得低于设计强度的75%。

22. 悬臂梁梁体表面无孔洞、露筋、蜂窝、麻面和宽度超过(　　)m的收缩裂缝。
A. 0.1   B. 0.15
C. 0.2   D. 0.25

【答案】B

【解析】悬臂梁梁体表面无孔洞、露筋、蜂窝、麻面和宽度超过0.15m的收缩裂缝。

23. 验槽后原状土地基局部超挖或扰动时应按规范的有关规定进行处理;岩石地基局部超挖时,应将基底碎渣全部清理,回填低强度等级混凝土或粒径(　　)mm的砂石回填夯实。
A. 5~10   B. 10~15
C. 15~20   D. 20~25

【答案】B

【解析】验槽后原状土地基局部超挖或扰动时应按规范的有关规定进行处理;岩石地基局部超挖时,应将基底碎渣全部清理,回填低强度等级混凝土或粒径10~15mm的砂石回填夯实。

24. 沟槽回填管道应符合以下规定：压力管道水压试验前，除接口外，管道两侧及管顶以上回填高度不应小于（　　）m。
    A. 0.5　　　　　　　　　　B. 1
    C. 1.5　　　　　　　　　　D. 2

【答案】A

【解析】沟槽回填管道应符合以下规定：压力管道水压试验前，除接口外，管道两侧及管顶以上回填高度不应小于0.5m。

25. 管道两侧和管顶以上（　　）mm 范围内的回填材料，应由沟槽两侧对称运入槽内，不得直接回填在管道上；回填其他部位时，应均匀运入槽内，不得集中推入。
    A. 300　　　　　　　　　　B. 400
    C. 500　　　　　　　　　　D. 600

【答案】C

【解析】管道两侧和管顶以上500mm 范围内的回填材料，应由沟槽两侧对称运入槽内，不得直接回填在管道上；回填其他部位时，应均匀运入槽内，不得集中推入。

26. 管内径大于（　　）mm 的柔性管道，回填施工时应在管内设有竖向支撑。
    A. 500　　　　　　　　　　B. 600
    C. 700　　　　　　　　　　D. 800

【答案】D

【解析】管内径大于800mm 的柔性管道，回填施工时应在管内设有竖向支撑。

27. 圆井采用砌筑逐层砌筑收口，四周收口时每层收进不应大于（　　）mm。
    A. 20　　　　　　　　　　B. 30
    C. 40　　　　　　　　　　D. 50

【答案】B

【解析】圆井采用砌筑逐层砌筑收口，四周收口时每层收进不应大于30mm。

28. 圆井采用砌筑逐层砌筑收口，偏心收口时每层收进不应大于（　　）mm。
    A. 20　　　　　　　　　　B. 30
    C. 40　　　　　　　　　　D. 50

【答案】D

【解析】圆井采用砌筑逐层砌筑收口，偏心收口时每层收进不应大于50mm。

29. 管道闭水试验中，试验段上游设计水头不超过管顶内壁时，试验水头应以试验段上游管顶内壁加（　　）m 计。
    A. 1　　　　　　　　　　　B. 2
    C. 3　　　　　　　　　　　D. 4

【答案】B

【解析】管道闭水试验中，试验段上游设计水头不超过管顶内壁时，试验水头应以试验段上游管顶内壁加2m 计。

30. 闭气试验时，地下水位应低于管外底（　　）mm，环境温度为 -15~50℃，下雨时不得进行闭气试验。

A. 100　　　　　　　　　　　　　B. 120
C. 150　　　　　　　　　　　　　D. 180

【答案】C

【解析】闭气试验时，地下水位应低于管外底150mm，环境温度为 -15~50℃，下雨时不得进行闭气试验。

31. 管道第一次冲洗应用清洁水冲洗至出水口水样浊度小于3NTU为止，冲洗流速应大于（　　）m/s。
    A. 1.0　　　　　　　　　　　　B. 1.5
    C. 2.0　　　　　　　　　　　　D. 2.5

【答案】A

【解析】管道第一次冲洗应用清洁水冲洗至出水口水样浊度小于3NTU为止，冲洗流速应大于1.0m/s。

32. 管道第二次冲洗应在第一次冲洗后，用有效氯离子含量不低于（　　）mg/L的清洁水浸泡24h后，再用清洁水进行第二次冲洗直至水质检测、管理部门取样化验合格为止。
    A. 10　　　　　　　　　　　　　B. 15
    C. 20　　　　　　　　　　　　　D. 25

【答案】C

【解析】管道第二次冲洗应在第一次冲洗后，用有效氯离子含量不低于20mg/L的清洁水浸泡24h后，再用清洁水进行第二次冲洗直至水质检测、管理部门取样化验合格为止。

三、多选题

1. 模板可分类为（　　）等。
    A. 木模板　　　　　　　　　　　B. 钢模板
    C. 复合模板　　　　　　　　　　D. 定型组合模板
    E. 钢框竹（木）胶合板

【答案】ABDE

【解析】模板可分类为木模板、钢模板、定型组合模板、钢框竹（木）胶合板等。

2. 支架系统目前常用的有（　　）等多种形式。
    A. 钢质门式脚手架　　　　　　　B. 钢管矩阵
    C. 组合杆件构架　　　　　　　　D. 贝雷架系统
    E. 碗扣式脚手架

【答案】ABCD

【解析】支架系统目前常用的有钢质门式脚手架、钢管矩阵、组合杆件构架、贝雷架系统等多种形式。

3. 钢筋表面应洁净、无损伤，使用前应将表面粘着的（　　）等清除干净，带有颗粒状或片状老锈的钢筋不得使用；当除锈后钢筋表面有严重的麻坑、斑点，已伤蚀截面时，应降级使用或剔除不用。

A. 油污 B. 泥土
C. 漆皮 D. 浮锈
E. 纸张

【答案】ABCD

【解析】钢筋表面应洁净、无损伤，使用前应将表面粘着的油污、泥土、漆皮、浮锈等清除干净，带有颗粒状或片状老锈的钢筋不得使用；当除锈后钢筋表面有严重的麻坑、斑点、已伤蚀截面时，应降级使用或剔除不用。

4. 预应力筋存放的仓库应（　　）。
A. 干燥 B. 防潮
C. 通风良好 D. 无腐蚀气体和介质
E. 温度恒定

【答案】ABCD

【解析】预应力筋存放的仓库应干燥、防潮、通风良好、无腐蚀气体和介质。

5. 石灰稳定土类质量控制要点中，压实度采用（　　）每层抽检。
A. 环刀法 B. 灌砂法
C. 灌水法 D. 灌浆法
E. 蜡封法

【答案】ABC

【解析】石灰稳定土类质量控制要点中，压实度采用环刀法、灌砂法或灌水法每层抽检。

6. 水泥混凝土面层施工质量控制要点中要求，原材料按（　　）进场复检，同时符合设计和规范要求。
A. 同一生产厂家 B. 同一等级
C. 同一品种 D. 同一规格
E. 同一生产日期

【答案】ABCD

【解析】水泥混凝土面层施工质量控制要点中要求，原材料按同一生产厂家、同一等级、同一品种、同一规格进场复检，同时符合设计和规范要求。

7. 桥梁主要由（　　）等组成。
A. 上部结构（桥跨结构） B. 下部结构（基础、桥墩和桥台）
C. 桥面系 D. 支座
E. 附属结构

【答案】ABCDE

【解析】桥梁主要由上部结构（桥跨结构）、下部结构（基础、桥墩和桥台）、桥面系、支座、附属结构等组成。

第六章 市政工程质量问题的分析、预防与处理办法

一、判断题

1. 工程质量问题一般分为工程质量缺陷、工程质量通病、工程质量事故。

【答案】正确

【解析】工程质量问题一般分为工程质量缺陷、工程质量通病、工程质量事故。

2. 工程施工中不符合规定要求的检（试）验项或检（试）验点，按其程度分为严重缺陷和一般缺陷。

【答案】正确

【解析】工程施工中不符合规定要求的检（试）验项或检（试）验点，按其程度分为严重缺陷和一般缺陷。

3. 一般缺陷是指对结构构件的受力性能或安装使用性能无决定性影响的缺陷。

【答案】正确

【解析】一般缺陷是指对结构构件的受力性能或安装使用性能无决定性影响的缺陷。

4. 严重缺陷是指对结构构件的受力性能或安装使用性能有决定性影响的缺陷。

【答案】正确

【解析】严重缺陷是指对结构构件的受力性能或安装使用性能有决定性影响的缺陷。

5. 工程质量通病是指各类影响工程结构、使用功能和外形观感的常见性质量损伤，主要是由于施工操作不当、管理不严而引起的质量问题。

【答案】正确

【解析】工程质量通病是指各类影响工程结构、使用功能和外形观感的常见性质量损伤，主要是由于施工操作不当、管理不严而引起的质量问题。

6. 避免路基"弹簧"现象，避免用天然稠度小于1.2、液限大于40、塑性指数大于20、含水量大于最佳含水量两个百分点的土作为路基填料。

【答案】错误

【解析】避免路基"弹簧"现象，避免用天然稠度小于1.1、液限大于40、塑性指数大于18、含水量大于最佳含水量两个百分点的土作为路基填料。

7. 避免路基"弹簧"现象，应清除碾压层下软弱层，换填良性土壤后重新碾压。

【答案】正确

【解析】避免路基"弹簧"现象，应清除碾压层下软弱层，换填良性土壤后重新碾压。

8. 避免路基"弹簧"现象，对产生"弹簧"部位，可将其过湿土翻晒、拌合均匀后重新碾压；或挖除换填含水量适宜的良性土壤后重新碾压。

【答案】正确

【解析】避免路基"弹簧"现象，对产生"弹簧"部位，可将其过湿土翻晒、拌合均匀后重新碾压；或挖除换填含水量适宜的良性土壤后重新碾压。

9. 在装卸运输过程中出现离析现象，应在摊铺前进行重新搅拌，使粗细混合均匀后摊铺。

【答案】正确

【解析】在装卸运输过程中出现离析现象，应在摊铺前进行重新搅拌，使粗细混合均匀后摊铺。

10. 在碾压过程中看出有粗细料集中现象，应将其挖出分别掺入粗、细料搅拌均匀，再摊铺碾压。

【答案】正确

【解析】在碾压过程中看出有粗细料集中现象，应将其挖出分别掺入粗、细料搅拌均匀，再摊铺碾压。

11. 平整度的好坏直接影响到行车的舒适度，基层的不平整会引起混凝土面层薄厚不匀，并导致混凝土面层产生一些薄弱面，它也会成为路面使用期间产生温度收缩裂缝的起因，因此基层的平整度对混凝土面层的使用性能有十分重要的影响。其表现为压实表面有起伏的小波浪，表面粗糙，平整度差。

【答案】正确

【解析】平整度的好坏直接影响到行车的舒适度，基层的不平整会引起混凝土面层薄厚不匀，并导致混凝土面层产生一些薄弱面，它也会成为路面使用期间产生温度收缩裂缝的起因，因此基层的平整度对混凝土面层的使用性能有十分重要的影响。其表现为压实表面有起伏的小波浪，表面粗糙，平整度差。

12. 路面碾压过程中出现的横裂纹，往往是某区域的多道平行微裂纹，裂纹长度较短。

【答案】正确

【解析】路面碾压过程中出现的横裂纹，往往是某区域的多道平行微裂纹，裂纹长度较短。

13. 双层式沥青混合料面层是上下铺筑，宜在当天内完成。如间隔时间较长，下层受到污染，铺筑上层前应对下层进行清扫，并应浇洒适量粘层沥青。

【答案】正确

【解析】双层式沥青混合料面层是上下铺筑，宜在当天内完成。如间隔时间较长，下层受到污染，铺筑上层前应对下层进行清扫，并应浇洒适量粘层沥青。

14. 沥青混合料的松铺系数宜通过试铺碾压确定。应掌握好沥青混合料摊铺厚度，使其大于沥青混合料层设计厚度乘以松铺系数。

【答案】错误

【解析】沥青混合料的松铺系数宜通过试铺碾压确定。应掌握好沥青混合料摊铺厚度，使其等于沥青混合料层设计厚度乘以松铺系数。

15. 塌孔与缩径产生的原因基本相同，主要是地层复杂、钻进速度过快、护壁泥浆性能差、成孔后放置时间过长没有灌注混凝土等原因所造成。

【答案】正确

【解析】塌孔与缩径产生的原因基本相同，主要是地层复杂、钻进速度过快、护壁泥浆性能差、成孔后放置时间过长没有灌注混凝土等原因所造成。

16. 混凝土出现蜂窝，原因是混凝土配合比不当或砂、石子、水泥材料加水量计量不准，造成砂浆多、粗骨料少。

【答案】 错误

【解析】 混凝土出现蜂窝，原因是混凝土配合比不当或砂、石子、水泥材料加水量计量不准，造成砂浆少、粗骨料多。

17. 混凝土出现蜂窝，原因是混凝土搅拌时间不够，未拌合均匀，和易性差，振捣不密实。

【答案】 正确

【解析】 混凝土出现蜂窝，原因是混凝土搅拌时间不够，未拌合均匀，和易性差，振捣不密实。

18. 混凝土出现蜂窝，原因是下料不当或下料过高，未设串筒使粗骨料集中，造成石子、砂浆离析。

【答案】 正确

【解析】 混凝土出现蜂窝，原因是下料不当或下料过高，未设串筒使粗骨料集中，造成石子、砂浆离析。

19. 混凝土出现蜂窝，原因是混凝土未分层下料，振捣不实，或漏振，或振捣时间不够。

【答案】 正确

【解析】 混凝土出现蜂窝，原因是混凝土未分层下料，振捣不实，或漏振，或振捣时间不够。

20. 混凝土出现蜂窝，原因是模板缝隙未堵严，水泥浆流失。

【答案】 正确

【解析】 混凝土出现蜂窝，原因是模板缝隙未堵严，水泥浆流失。

21. 混凝土出现蜂窝，原因是钢筋较密，使用的粗骨料粒径过大或坍落度过大。

【答案】 错误

【解析】 混凝土出现蜂窝，原因是钢筋较密，使用的粗骨料粒径过大或坍落度过小。

22. 混凝土出现蜂窝，原因是施工缝处未进行处理就继续灌上层混凝土。

【答案】 正确

【解析】 混凝土出现蜂窝，原因是施工缝处未进行处理就继续灌上层混凝土。

23. 为使桥面铺装混凝土与行车道板紧密结合成整体，在进行梁板顶面拉毛或机械凿毛，以保证梁板与桥面铺装的结合。

【答案】 正确

【解析】 为使桥面铺装混凝土与行车道板紧密结合成整体，在进行梁板顶面拉毛或机械凿毛，以保证梁板与桥面铺装的结合。

24. 浇筑桥面混凝土之前必须严格按设计重新布设钢筋网，以保证钢筋网上下保护层。

【答案】 正确

【解析】 浇筑桥面混凝土之前必须严格按设计重新布设钢筋网，以保证钢筋网上下保护层。

25. 桥头跳车的主要原因为桥头搭板的一端搭在桥台牛腿上，基本无沉降，而另一端则置于路堤上，随路堤的沉降而下沉，使之在搭板的前后端形成较大的沉降坡差，当沉降到达一定数量时,就会引起跳车。

【答案】正确

【解析】桥头跳车的主要原因为桥头搭板的一端搭在桥台牛腿上,基本无沉降,而另一端则置于路堤上,随路堤的沉降而下沉,使之在搭板的前后端形成较大的沉降坡差,当沉降到达一定数量时,就会引起跳车。

26. 当槽底土体遇有原暗浜或流砂现象,沟槽降水措施不良或井点失效,处理时间过长,直接造成已浇筑的水泥混凝土基础拱起甚至开裂。

【答案】正确

【解析】当槽底土体遇有原暗浜或流砂现象,沟槽降水措施不良或井点失效,处理时间过长,直接造成已浇筑的水泥混凝土基础拱起甚至开裂。

27. 在浇筑水泥混凝土基础过程中突遇强降水,地面水大量冲入沟槽,使水泥浆流失,水泥混凝土结构损坏。

【答案】正确

【解析】在浇筑水泥混凝土基础过程中突遇强降水,地面水大量冲入沟槽,使水泥浆流失,水泥混凝土结构损坏。

28. 管道接口渗漏水、闭水试验不合格产生的原因是:基础不均匀下沉,管材及其接口施工质量差、闭水段端头封堵不严密、井体施工质量差等原因均可产生漏水现象。

【答案】正确

【解析】管道接口渗漏水、闭水试验不合格产生的原因是:基础不均匀下沉,管材及其接口施工质量差、闭水段端头封堵不严密、井体施工质量差等原因均可产生漏水现象。

29. 如果槽底土壤被扰动或受水浸泡,应先挖除松软土层,对超挖部分用砂砾石或碎石等稳定性好的材料回填密实。

【答案】正确

【解析】如果槽底土壤被扰动或受水浸泡,应先挖除松软土层,对超挖部分用砂砾石或碎石等稳定性好的材料回填密实。

30. 管道基础尺寸线形偏差的原因是挖土操作不注意修边,产生上窄下宽的现象,直至沟槽底部宽度不足。

【答案】错误

【解析】管道基础尺寸线形偏差的原因是挖土操作不注意修边,产生上宽下窄的现象,直至沟槽底部宽度不足。

31. 当管道基础铺设后发现基础高度不符合设计要求,特别是重力流管道发生倒坡时,必须返工重做。

【答案】正确

【解析】当管道基础铺设后发现基础高度不符合设计要求,特别是重力流管道发生倒坡时,必须返工重做。

32. 一旦发生管道基础高程错误,如误差在验收规范允许偏差范围内,则一般作微小的调整;超过允许偏差范围只有拆除基础返工重做。

【答案】正确

【解析】一旦发生管道基础高程错误,如误差在验收规范允许偏差范围内,则一般作微小的调整；超过允许偏差范围只有拆除基础返工重做。

33. 顶管过程中，中心线标高的偏差超过允许值，导致顶力增加。

【答案】正确

【解析】顶管过程中，中心线标高的偏差超过允许值，导致顶力增加。

34. 焊缝成型不好，出现高低不平、宽窄不匀的现象，产生这种现象的原因主要是焊接工艺参数选择不合理或操作不当，或者是在使用电焊时，选择电流过大，焊条熔化太快，从而不易控制焊缝成型。

【答案】正确

【解析】焊缝成型不好，出现高低不平、宽窄不匀的现象，产生这种现象的原因主要是焊接工艺参数选择不合理或操作不当，或者是在使用电焊时，选择电流过大，焊条熔化太快，从而不易控制焊缝成型。

35. 管道通入介质后，在碳素钢管的焊口处出现潮湿、滴漏现象，这将严重影响管道使用功能和安全，应分析确定成因后进行必要的处理。

【答案】正确

【解析】管道通入介质后，在碳素钢管的焊口处出现潮湿、滴漏现象，这将严重影响管道使用功能和安全，应分析确定成因后进行必要的处理。

36. 在管道焊接中，一般的小管径多采用气焊，大管径则采用电弧焊接。

【答案】正确

【解析】在管道焊接中，一般的小管径多采用气焊，大管径则采用电弧焊接。

37. 所谓烧穿是指在焊缝底部形成穿孔，造成熔化金属往下漏的现象。

【答案】正确

【解析】所谓烧穿是指在焊缝底部形成穿孔，造成熔化金属往下漏的现象。

38. 管道回填土应符合设计要求，且不得有石块、杂物、硬物等，以便避免伤及管道；严禁带水回填作业，管道周围应用中砂或砂性土回填。

【答案】正确

【解析】管道回填土应符合设计要求，且不得有石块、杂物、硬物等，以便避免伤及管道；严禁带水回填作业，管道周围应用中砂或砂性土回填。

39. 埋地钢管环氧煤油沥青防腐绝缘层总厚度不够，涂层不均匀，有褶皱、鼓包等质量缺陷，影响整个管道系统的使用寿命。

【答案】正确

【解析】埋地钢管环氧煤油沥青防腐绝缘层总厚度不够，涂层不均匀，有褶皱、鼓包等质量缺陷，影响整个管道系统的使用寿命。

40. 当不合格品按修补方式处理后仍无法保证达到设计的使用要求和安全，而又无法返工处理的情况下，不得已时可以做出结构卸荷、减荷以及限制使用的决定。

【答案】正确

【解析】当不合格品按修补方式处理后仍无法保证达到设计的使用要求和安全，而又无法返工处理的情况下，不得已时可以做出结构卸荷、减荷以及限制使用的决定。

41. 开挖检查井沟槽断面尺寸不符合要求，井室砌筑后，井室槽周围回填工作面窄，夯实机具不到位或根本无法夯实，造成回填密实度达不到规定要求。

【答案】正确

【解析】开挖检查井沟槽断面尺寸不符合要求，井室砌筑后，井室槽周围回填工作面窄，夯实机具不到位或根本无法夯实，造成回填密实度达不到规定要求。

42. 检查井井框与路面高差值过大（标准为6mm）形成行驶冲击荷载，致使路基下沉造成检查井周边下沉、破损。

【答案】错误

【解析】检查井井框与路面高差值过大（标准为5mm）形成行驶冲击荷载，致使路基下沉造成检查井周边下沉、破损。

43. 碾压设备选择不当，超厚回填，填土土质不符合要求，带水回填冻块土和在冻槽上回填，不按段落分层夯实，会造成回填土不密实。

【答案】正确

【解析】碾压设备选择不当，超厚回填，填土土质不符合要求，带水回填冻块土和在冻槽上回填，不按段落分层夯实，会造成回填土不密实。

44. 超厚回填是沟槽回填土或路基填方不按规定的虚铺厚度回填，或未按规定的分层厚度回填。

【答案】正确

【解析】超厚回填是沟槽回填土或路基填方不按规定的虚铺厚度回填，或未按规定的分层厚度回填。

二、单选题

1. 陆上埋设护筒时，在护筒底部夯填（　　）cm厚黏土，必须夯打密实。放置护筒后，在护筒四周对称均衡地夯填黏土，防止护筒变形或位移，夯填密实不渗水。
   A. 30　B. 40　C. 50　D. 60

【答案】C

【解析】陆上埋设护筒时，在护筒底部夯填50cm厚黏土，必须夯打密实。放置护筒后，在护筒四周对称均衡地夯填黏土，防止护筒变形或位移，夯填密实不渗水。

2. 孔内水位必须稳定地高出孔外水位（　　）m以上，泥浆泵等钻孔配套设备能量应有一定的安全系数，并有备用设备，以应急需。
   A. 1　　　　　　　　　　　B. 2
   C. 3　　　　　　　　　　　D. 4

【答案】A

【解析】孔内水位必须稳定地高出孔外水位1m以上，泥浆泵等钻孔配套设备能量应有一定的安全系数，并有备用设备，以应急需。

3. 避免成孔期间过往大型车辆和设备，控制开钻孔距应跳隔1～2根桩基开钻或新孔桩应在邻桩成桩（　　）h后开钻。
   A. 12　　　　　　　　　　　B. 24
   C. 36　　　　　　　　　　　D. 48

【答案】C

【解析】避免成孔期间过往大型车辆和设备，控制开钻孔距应跳隔1～2根桩基开钻或新孔应在邻桩成桩36h后开钻。

4. 在设计时应保证沥青混凝土铺装层的厚度满足使用要求，对于高等级路（桥）面，厚度应大于（　　）cm。
A. 7
B. 8
C. 9
D. 10

【答案】C

【解析】在设计时应保证沥青混凝土铺装层的厚度满足使用要求，对于高等级路（桥）面，厚度应大于9cm。

5. 为预防桥头跳车，分层填筑砂砾（石），控制最佳含水量和铺筑层厚，最大填筑厚度不超过（　　）cm，确保压实度符合标准要求。
A. 10
B. 15
C. 20
D. 25

【答案】C

【解析】分层填筑砂砾（石），控制最佳含水量和铺筑层厚，最大填筑厚度不超过20cm，确保压实度符合标准要求。

6. 为预防管道基础下沉，控制混凝土基础浇筑后卸管、排管的时间，根据管材类别、混凝土强度和当时气温情况决定，若施工平均气温在（　　）℃以下，应符合冬期施工要求。
A. 0
B. 2
C. 4
D. 5

【答案】C

【解析】为预防管道基础下沉，控制混凝土基础浇筑后卸管、排管的时间，根据管材类别、混凝土强度和当时气温情况决定，若施工平均气温在4℃以下，应符合冬期施工要求。

7. 施工人员可以在沟槽放样时给规定槽宽留出适当余量，一般两边再加放（　　）cm，以防止因上宽下窄造成底部基础宽度不够。
A. 1~5
B. 5~10
C. 10~15
D. 15~20

【答案】B

【解析】施工人员可以在沟槽放样时给规定槽宽留出适当余量，一般两边再加放5~10cm，以防止因上宽下窄造成底部基础宽度不够。

8. 人工顶管时发生偏差不超过（　　）mm时，宜采用超挖的方法进行纠偏。
A. 5~10
B. 10~20
C. 5~15
D. 10~15

【答案】B

【解析】人工顶管时发生偏差不超过10~20mm时，宜采用超挖的方法进行纠偏。

9. 当直管采用三角形式堆放或两侧加支撑保护的矩形堆放时，堆放高度不宜超过（　　）m。
A. 1
B. 1.5

C. 2   D. 3

【答案】B

【解析】当直管采用三角形式堆放或两侧加支撑保护的矩形堆放时，堆放高度不宜超过1.5m。

三、多选题

1. 下列属于工程质量通病的是（   ）。
   A. 现浇钢筋混凝土工程出现蜂窝、麻面、露筋
   B. 砂浆、混凝土配合比控制不严、试块强度不合格
   C. 路基压实度达不到标准规定值
   D. 钢筋安装箍筋间距不一致
   E. 桥面伸缩装置安置不平整

【答案】ABCDE

【解析】下列属于工程质量通病的是现浇钢筋混凝土工程出现蜂窝、麻面、露筋；砂浆、混凝土配合比控制不严、试块强度不合格；路基压实度达不到标准规定值；钢筋安装箍筋间距不一致；桥面伸缩装置安置不平整；金属栏杆、管道、配件锈蚀；钢结构面锈蚀，涂料粉化、剥落等。

2. 特别重大事故是指造成（   ）人以上死亡，或者（   ）人以上重伤，或者1亿元以上直接经济损失的事故。
   A. 3   B. 10
   C. 30   D. 50
   E. 100

【答案】CE

【解析】特别重大事故是指造成30人以上死亡，或者100人以上重伤，或者1亿元以上直接经济损失的事故。

3. 重大事故是指造成（   ）人以上（   ）人以下死亡，或者（   ）人以上（   ）人以下重伤，或者5000万元以上1亿元以下直接经济损失的事故。
   A. 3   B. 10
   C. 30   D. 50
   E. 100

【答案】BCDE

【解析】重大事故是指造成10人以上30人以下死亡，或者50人以上100人以下重伤，或者5000万元以上1亿元以下直接经济损失的事故。

4. 国家明确工程质量事故是指由于（   ）等单位违反工程质量有关法律法规和工程建设标准，使工程产生结构安全、重要使用功能等方面的质量缺陷，造成人身伤亡或者重大经济损失的事故。
   A. 建设   B. 勘察
   C. 设计   D. 施工
   E. 监理

【答案】ABCDE

【解析】 国家明确工程质量事故是指由于建设、勘察、设计、施工、监理等单位违反工程质量有关法律法规和工程建设标准，使工程产生结构安全、重要使用功能等方面的质量缺陷，造成人身伤亡或者重大经济损失的事故。

5. 出现路基"弹簧"现象的原因是（　　）。
   A. 填土为黏性土时的含水量超过最佳含水量较多
   B. 碾压层下有软弱层，且含水量过大，在上层碾压过程中，下层弹簧反射至上层
   C. 翻晒、拌合不均匀
   D. 局部填土混入冻土或过湿的淤泥、沼泽土、有机土、腐殖土以及含有草皮、树根和生活垃圾的不良填料
   E. 透水性好与透水性差的土壤混填，且透水性差的土壤包裹了透水性好的土壤，形成了"水壤"

【答案】ABCDE

【解析】 出现路基"弹簧"现象的原因是填土为黏性土时的含水量超过最佳含水量较多；碾压层下有软弱层，且含水量过大，在上层碾压过程中，下层弹簧反射至上层；翻晒、拌合不均匀；局部填土混入冻土或过湿的淤泥、沼泽土、有机土、腐殖土以及含有草皮、树根和生活垃圾的不良填料；透水性好与透水性差的土壤混填，且透水性差的土壤包裹了透水性好的土壤，形成了"水壤"。

6. 下列属于造成水泥混凝土桥面铺装层的裂纹和龟裂的原因的是（　　）。
   A. 砂石原料质量不合格
   B. 水泥混凝土铺装层与梁板结构未能很好地连结成为整体，有"空鼓"现象
   C. 桥面铺装层内钢筋网下沉，上保护层过大，钢筋网未能起到防裂作用
   D. 铺装层厚度不够
   E. 未按施工方案要求进行养护及交通管制，桥面铺筑完成后养护不及时，在混凝土尚未达到设计强度时即开放交通，造成了铺装的早期破坏

【答案】ABCDE

【解析】 原因分析：砂石原料质量不合格；水泥混凝土铺装层与梁板结构未能很好地连结成为整体，有"空鼓"现象；桥面铺装层内钢筋网下沉，上保护层过大，钢筋网未能起到防裂作用；铺装层厚度不够；未按施工方案要求进行养护及交通管制，桥面铺筑完成后养护不及时，在混凝土尚未达到设计强度时即开放交通，造成了铺装的早期破坏。

7. 按深度的不同，裂缝可分为（　　）。
   A. 贯穿裂缝　　　　　　　　B. 穿透性裂缝
   C. 深层裂缝　　　　　　　　D. 微裂缝
   E. 表面裂缝

【答案】ACE

【解析】 按深度的不同，裂缝可分为贯穿裂缝、深层裂缝及表面裂缝三种。

8. 下列属于桥头跳车的原因的是（　　）。
   A. 台背填土施工工作面窄小，适合的施工机械少
   B. 填土范围控制不当，台背填土与路基衔接面太陡

C. 填料不符合要求，且未采取相应技术措施

D. 铺筑层超厚，压实度不够

E. 挖基处理不当

【答案】ABCDE

【解析】桥头跳车的原因：台背填土施工工作面窄小，适合的施工机械少；填土范围控制不当，台背填土与路基衔接面太陡；填料不符合要求，且未采取相应技术措施；铺筑层超厚，压实度不够；挖基处理不当；桥头部位的路基边坡失稳。

9. 下列属于造成管道铺设偏差的原因的是（　　）。

A. 管道轴线线形不直，又未予纠正

B. 标高侧放误差，造成管底标高不符合设计要求，甚至发生水力坡度错误

C. 稳管垫块放置的随意性，使用垫块与施工方案不符，致使管道铺设不稳定，接口不顺，影响流水畅通

D. 承插管未按承口向上游、插口向下游的安放规定

E. 管道铺设轴线未控制好，产生折点，线形不直

【答案】ABCDE

【解析】原因分析：管道轴线线形不直，又未予纠正；标高侧放误差，造成管底标高不符合设计要求，甚至发生水力坡度错误；稳管垫块放置的随意性，使用垫块与施工方案不符，致使管道铺设不稳定，接口不顺，影响流水畅通；承插管未按承口向上游、插口向下游的安放规定；管道铺设轴线未控制好，产生折点，线形不直；铺设管道时未按每节（根）管用水平尺校验及用样板尺观察高程。

10. 下列属于预防管道铺设偏差的是（　　）。

A. 在管道铺设前，必须对管道基础仔细复核，复核轴线位置、线形以及标高是否与设计标高吻合

B. 稳管用垫块应事前按施工方案预制成形，安放位置准确

C. 管道铺设操作应从下游向上游敷设，承口向上，切忌倒向排管

D. 采取边线控制排管时所设边线应紧绷，防止中间下垂；采取中心线控制排管时应在中间铁撑柱上画线，将引线扎牢，防止移动，并随时观察，防止外界扰动

E. 每节（根）管应先用样尺与样板架观察校验，然后再用水准尺检（试）验落水方向

【答案】ABCDE

【解析】预防管道铺设偏差：在管道铺设前，必须对管道基础仔细复核，复核轴线位置、线形以及标高是否与设计标高吻合；稳管用垫块应事前按施工方案预制成形，安放位置准确；管道铺设操作应从下游向上游敷设，承口向上，切忌倒向排管；采取边线控制排管时所设边线应紧绷，防止中间下垂；采取中心线控制排管时应在中间铁撑柱上画线，将引线扎牢，防止移动，并随时观察，防止外界扰动；每节（根）管应先用样尺与样板架观察校验，然后再用水准尺检（试）验落水方向；在管道铺设前，必须对样板架再次测量复核，符合设计高程后开始稳管。

第七章 市政工程质量检查、验收、评定

一、判断题

1. 隐蔽工程是指那些在施工过程中上一道工序的工作结束，被下一道工序所掩盖，而无法进行复查的部位。

【答案】正确

【解析】隐蔽工程是指那些在施工过程中上一道工序的工作结束，被下一道工序所掩盖，而无法进行复查的部位。

2. 检验批又称验收批，前者指施工单位自检，后者指留卫生人员参加的验收是施工质量控制和专业验收基础项目，通常需要按工程量、施工段、变形缝等进行划分。

【答案】正确

【解析】检验批又称验收批，前者指施工单位自检，后者指留卫生人员参加的验收是施工质量控制和专业验收基础项目，通常需要按工程量、施工段、变形缝等进行划分。

3. 分项工程验收由专业监理工程师组织施工项目专业技术负责人等进行。分项工程验收是在检验批验收合格的基础上进行，通常起一个归纳整理的作用，是一个统计表，没有实质性验收内容。

【答案】正确

【解析】分项工程验收由专业监理工程师组织施工项目专业技术负责人等进行。分项工程验收是在检验批验收合格的基础上进行，通常起一个归纳整理的作用，是一个统计表，没有实质性验收内容。

4. 隐蔽工程验收通常是结合质量控制中技术复核、质量检查工作来进行，重要部位改变时可摄影以备查考。

【答案】正确

【解析】隐蔽工程验收通常是结合质量控制中技术复核、质量检查工作来进行，重要部位改变时可摄影以备查考。

5. 外观质量对结构的使用要求、使用功能、美观等都有较大影响，必须通过抽样检查来确定能否合格，是否达到合格的工程内容。

【答案】正确

【解析】外观质量对结构的使用要求、使用功能、美观等都有较大影响，必须通过抽样检查来确定能否合格，是否达到合格的工程内容。

二、单选题

1. 隐蔽工程的验收应由施工单位做好自检记录，在隐蔽验收日提前（　　）h通知相关单位验收。

A. 12　　　　　　　　　　　　　　B. 24
C. 36　　　　　　　　　　　　　　D. 48

【答案】D

【解析】隐蔽工程的验收应由施工单位做好自检记录,在隐蔽验收日提前 48h 通知相关单位验收。

2. 建设方或监理工程师在施工单位通知检（试）验后（　　）h 内未能进行检（试）验,则视为建设方和监理检（试）验合格,承包商有权覆盖并进行下一道工序。
A. 12　　　　　　　　　　　　B. 24
C. 36　　　　　　　　　　　　D. 48

【答案】A

【解析】建设方或监理工程师在施工单位通知检（试）验后 12h 内未能进行检（试）验,则视为建设方和监理检（试）验合格,承包商有权覆盖并进行下一道工序。

3. 市政工程允许有偏差项目抽样检查超差点的最大偏差值应在允许偏差值的（　　）倍的范围内。
A. 1　　　　　　　　　　　　B. 1.5
C. 2　　　　　　　　　　　　D. 2.5

【答案】B

【解析】市政工程允许有偏差项目抽样检查超差点的最大偏差值应在允许偏差值的 1.5 倍的范围内。

三、多选题

1. 下列属于允许偏差值的数据是（　　）。
A. 有"正"、"负"概念的值
B. 偏差值无"正"、"负"概念的值,直接注明数字,不标符号
C. 要求大于或小于某一数值
D. 要求在一定的范围内的数值
E. 采用相对比例值确定偏差值

【答案】ABCDE

【解析】允许偏差值的数据有以下几种情况：有"正"、"负"概念的值；偏差值无"正"、"负"概念的值,直接注明数字,不标符号；要求大于或小于某一数值；要求在一定的范围内的数值；采用相对比例值确定偏差值。

2. 分部（子分部）工程应由施工单位将自行检查评定合格的表格填好后,由项目负责人交（　　）验收。
A. 建设单位　　　　　　　　　B. 设计单位
C. 勘察单位　　　　　　　　　D. 监理单位
E. 总承包单位

【答案】AD

【解析】分部（子分部）工程应由施工单位将自行检查评定合格的表格填好后,由项目负责人交建设单位或监理单位验收。

3. 观感质量验收时,监理单位由总监理工程师或建设单位项目专业负责人为主导共同确定质量评价,分为（　　）。

A. 好 B. 一般
C. 差 D. 合格
E. 不合格

【答案】ABC

【解析】观感质量验收时，监理单位由总监理工程师或建设单位项目专业负责人为主导共同确定质量评价——好、一般、差。

4. 分部工程的验收内容包括（　　）。
A. 分项工程
B. 质量控制资料
C. 安全和功能检（试）验（检测）报告
D. 观感质量验收
E. 节能、环保抽样检验结果

【答案】ABCD

【解析】分部工程的验收内容包括分项工程；质量控制资料；安全和功能检（试）验（检测）报告；观感质量验收。

5. 单位工程质量验收包括（　　）。
A. 单位工程所含分部工程的质量均应验收合格
B. 质量控制资料应完整
C. 单位工程所含分部工程中有关安全、节能、环境保护和主要使用功能的经验资料应完整
D. 主要使用功能的抽查结果应符合相关专业验收规范的规定
E. 外观质量应符合要求

【答案】ABCDE

【解析】单位工程质量验收包括单位工程所含分部工程的质量均应验收合格；质量控制资料应完整；单位工程所含分部工程中有关安全、节能、环境保护和主要使用功能的经验资料应完整；主要使用功能的抽查结果应符合相关专业验收规范的规定；外观质量应符合要求。

6. 下列属于支座分项工程的是（　　）。
A. 垫石混凝土 B. 预应力混凝土
C. 挡块混凝土 D. 支座安装
E. 支座拆除

【答案】ACD

【解析】支座分项工程包括：垫石混凝土、挡块混凝土和支座安装。

第八章 施工检（试）验的内容、方式和判断标准

一、判断题

1. 水准仪主要部件有望远镜、管水准器（或补偿器）、垂直轴、基座、脚螺旋。

【答案】正确

【解析】水准仪主要部件有望远镜、管水准器（或补偿器）、垂直轴、基座、脚螺旋。

2. 环刀是用来取原状土的是做重度（土体密度）、压缩、剪切和渗透等试验必不可少的一种常见仪器。主要用来测定土体的压实度。

【答案】正确

【解析】环刀是用来取原状土的是做重度（土体密度）、压缩、剪切和渗透等试验必不可少的一种常见仪器。主要用来测定土体的压实度。

3. 坍落度筒适用于坍落度在 1~15cm，最大集料粒径不大于 50cm 的塑性混凝土做坍落试验。

【答案】错误

【解析】坍落度筒适用于坍落度在 1~15cm，最大集料粒径不大于 40cm 的塑性混凝土做坍落试验。

4. 弯沉仪适用于路面回弹弯沉值测定，以评价路面的整体强度。

【答案】正确

【解析】弯沉仪适用于路面回弹弯沉值测定，以评价路面的整体强度。

5. 钢尺是薄钢片制成的带状尺，可卷入金属圆盒内，故又称钢卷尺。尺宽约 10~15mm，长度有 20m、30m 和 50m 等几种。

【答案】正确

【解析】钢尺是薄钢片制成的带状尺，可卷入金属圆盒内，故又称钢卷尺。尺宽约 10~15mm，长度有 20m、30m 和 50m 等几种。

二、单选题

1. 土的含水率试验中，取具有代表性试样，细粒土 15~30g，砂类土、有机质土为（　　），沙砾石为 1~2kg。

　　A. 20g　　　　　　　　　　　　B. 30g
　　C. 40g　　　　　　　　　　　　D. 50g

【答案】D

【解析】土的含水率试验中，取具有代表性试样，细粒土 15~30g，砂类土、有机质土为 50g，沙砾石为 1~2kg。

2. 土的含水率试验中，将试样和盒放入烘箱内，在温度（　　）℃恒温下烘干。

　　A. 95~100　　　　　　　　　　B. 100~105
　　C. 105~110　　　　　　　　　　D. 110~120

【答案】C

【解析】土的含水率试验中,将试样和盒放入烘箱内,在温度105~110℃恒温下烘干。

3. 土的含水率试验中,将烘干后的试样和盒取出,放入干燥器内冷却,冷却后盖好盒盖,称质量,准确至( )g。
   A. 1
   B. 0.1
   C. 0.01
   D. 0.001

【答案】C

【解析】土的含水率试验中,将烘干后的试样和盒取出,放入干燥器内冷却,冷却后盖好盒盖,称质量,准确至0.01g。

三、多选题

1. 道路路基工程检(试)验内容包括( )。
   A. 土的含水率试验
   B. 液限和塑限联合测定法
   C. 土的击实试验
   D. CBR值测试方法
   E. 土的压实度

【答案】ABCDE

【解析】道路路基工程检(试)验内容包括土的含水率试验、液限和塑限联合测定法、土的击实试验、CBR值测试方法、土的压实度和土的回弹弯沉值试验方法。

2. 道路基层工程检验内容包括( )。
   A. 道路基层含水量试验
   B. 道路基层压实度检测
   C. 道路基层混合料的无侧限饱水抗压强度
   D. 道路基层弯沉回弹模量检测
   E. 道路基层马希尔试验

【答案】ABCD

【解析】道路基层工程检验内容包括道路基层含水量试验、道路基层压实度检测、道路基层混合料的无侧限饱水抗压强度、道路基层弯沉回弹模量检测。

3. 道路面层工程检(试)验内容包括( )。
   A. 压实度试验
   B. 抗滑性能试验
   C. 渗水试验
   D. 车辙试验
   E. 混凝土强度试验

【答案】ABCDE

【解析】道路面层工程检(试)验内容包括:压实度试验、平整度试验、承载能力试验、抗滑性能试验、渗水试验、车辙试验、混凝土强度试验。

4. 桩基工程包含下列主要检测项目( )。
   A. 单桩竖向抗压承载力
   B. 单桩、带承台单桩水平承载力
   C. 单桩抗拔承载力

D. 桩身完整性

E. 桩基混凝土强度

【答案】ABCDE

【解析】桩基工程包含下列主要检测项目：单桩竖向抗压承载力；单桩、带承台单桩水平承载力；单桩抗拔承载力；桩身完整性；桩基混凝土强度。

5. 材料与混凝土检测内容包括（　　）。

A. 原材料及构配件试验检（试）验（水泥、钢筋、骨料、外加剂、预应力配件等）

B. 混凝土强度及结构外观

C. 预制构件结构性能

D. 钢结构

E. 构筑物

【答案】ABCDE

【解析】材料与混凝土检测内容包括：原材料及构配件试验（试）验（水泥、钢筋、骨料、外加剂、预应力配件等）；混凝土强度及结构外观；预制构件结构性能；钢结构；构筑物。

6. 倒虹管及涵洞试验内容包括（　　）。

A. 地基承载力　　　　　　　　　B. 混凝土、砂浆强度

C. 原材料　　　　　　　　　　　D. 倒虹管闭水试验

E. 回填压实度

【答案】ABCDE

【解析】倒虹管及涵洞试验内容包括：地基承载力；混凝土、砂浆强度；原材料；倒虹管闭水试验；回填压实度。

7. 给水排水管道试验内容包括（　　）。

A. 管道原材料检（试）验　　　　B. 混凝土强度

C. 水压试验、严密性试验　　　　D. 回填压实度

E. 砂浆强度

【答案】ABCD

【解析】给水排水管道试验内容包括：管道原材料检（试）验；混凝土强度；水压试验、严密性试验；回填压实度。

第九章 市政工程质量资料的收集与整理

一、判断题

1. 工程资料管理应建立岗位责任制，工程资料的收集、整理应由专人负责。

【答案】正确

【解析】工程资料管理应建立岗位责任制，工程资料的收集、整理应由专人负责。

2. 市政基础设施工程施工资料分类，应根据工程类别和专业项目进行划分。按照《市政基础设施工程资料管理规程》的要求，施工资料宜分为施工管理资料、施工技术资料、工程物资资料、施工测量监测资料、施工记录、施工试验记录及检测报告、施工质量验收资料和工程竣工验收资料等八类。

【答案】正确

【解析】市政基础设施工程施工资料分类，应根据工程类别和专业项目进行划分。按照《市政基础设施工程资料管理规程》的要求，施工资料宜分为施工管理资料、施工技术资料、工程物资资料、施工测量监测资料、施工记录、施工试验记录及检测报告、施工质量验收资料和工程竣工验收资料等八类。

3. 原材料的质量证明文件、复验报告，工程物资质量必须合格，并有出厂质量证明文件，对列入国家强制商检目录或建设单位有特殊要求的进口物资还应有进口商检证明文件。

【答案】正确

【解析】原材料的质量证明文件、复验报告，工程物资质量必须合格，并有出厂质量证明文件，对列入国家强制商检目录或建设单位有特殊要求的进口物资还应有进口商检证明文件。

4. 水池应按设计要求进行满水试验和气密性试验，并由试验（检测）单位出具试验（检测）报告。

【答案】正确

【解析】水池应按设计要求进行满水试验和气密性试验，并由试验（检测）单位出具试验（检测）报告。

5. 检验（收）批的质量验收包括了质量资料的检查和主控项目、一般项目的检（试）验两方面的内容。

【答案】正确

【解析】检验（收）批的质量验收包括了质量资料的检查和主控项目、一般项目的检（试）验两方面的内容。

6. 分部工程验收记录由施工项目专业质量检查员填写，专业监理工程师组织施工单位项目负责人和有关勘察、设计单位项目负责人等进行验收。

【答案】正确

【解析】分部工程验收记录由施工项目专业质量检查员填写，专业监理工程师组织施工单位项目负责人和有关勘察、设计单位项目负责人等进行验收。

7. 工程完工后施工单位对所有工程资料进行收集整理，编制组卷。

【答案】错误

【解析】工程完工后参建各方应对各自的工程资料进行收集整理，编制组卷。

二、单选题

1. 应有沥青拌合厂按同类型、同配比、每批次向施工单位提供的至少一份产品质量合格证。连续生产时，每（　　）t 提供一次。
   A. 1000 B. 2000
   C. 3000 D. 5000

【答案】B

【解析】应有沥青拌合厂按同类型、同配比、每批次向施工单位提供的至少一份产品质量合格证。连续生产时，每2000t提供一次。

2. 单位工程档案总案卷数超过（　　）卷的，应编制总目录卷。
   A. 10 B. 15
   C. 20 D. 25

【答案】C

【解析】单位工程档案总案卷数超过20卷的，应编制总目录卷。

3. 工程资料案卷不宜过厚，一般不超过（　　）mm。
   A. 20 B. 30
   C. 40 D. 50

【答案】C

【解析】工程资料案卷不宜过厚，一般不超过40mm。

三、多选题

1. 路拌要有以下试验资料（　　）。
   A. 混合料配合比实测数值（水泥、粉煤灰、石灰含量）
   B. 混合料的活性氧化物含量
   C. 混合料最大干密度
   D. 混合料颗粒筛析结果
   E. 混合料无侧限抗压强度（7d）

【答案】ABCDE

【解析】路拌要有以下试验资料：混合料配合比实测数值（水泥、粉煤灰、石灰含量）；混合料的活性氧化物含量；混合料最大干密度；混合料颗粒筛析结果；混合料无侧限抗压强度（7d）。

2. 沥青混合料合格证包括（　　）。
   A. 沥青混凝土类型 B. 稳定值
   C. 流值 D. 空隙率
   E. 饱和度

【答案】ABCDE

【解析】沥青混合料合格证包括：沥青混凝土类型、稳定值、流值、空隙率、饱和度、标准密度。

3. 建设单位应组织（　　）等单位对工程进行竣工验收，各单位应在单位（子单位）工程质量竣工验收记录上签字并加盖公章。

　　A. 设计　　　　　　　　　B. 监理
　　C. 施工　　　　　　　　　D. 建设
　　E. 勘察

【答案】ABC

【解析】建设单位应组织设计、监理、施工等单位对工程进行竣工验收，各单位应在单位（子单位）工程质量竣工验收记录上签字并加盖公章。

4. 工程完工后由施工单位编写工程竣工报告，主要内容包括（　　）。

　　A. 工程概况
　　B. 工程施工过程
　　C. 合同及设计约定施工项目的完成情况
　　D. 工程质量自检情况
　　E. 主要设备调试情况

【答案】ABCDE

【解析】工程完工后由施工单位编写工程竣工报告，主要内容包括：工程概况、工程施工过程、合同及设计约定施工项目的完成情况、工程质量自检情况、主要设备调试情况、其他需说明的事项。

5. 工程资料组卷应遵循的原则是：组卷应遵循工程文件资料的行程规律，保证卷内文件资料的内在联系，便于文件资料保管和利用；基建文件和监理资料可按一个项目或一个单位工程进行整理和组卷；施工资料应按单位工程进行组卷，可根据工程大小及资料的多少等具体情况选择按专业或按分部、分项等进行整理和组卷；（　　）。

　　A. 施工资料管理过程中形成的分项目录应与其对应的施工资料一起组卷
　　B. 竣工图应按设计单位提供的各专业施工图序列组卷
　　C. 工程资料可根据资料数量多少组成一卷或多卷
　　D. 专业承包单位的工程资料应单独组卷
　　E. 工程系统节能监测资料应单独组卷

【答案】ABCDE

【解析】工程资料组卷应遵循的原则是：组卷应遵循工程文件资料的行程规律，保证卷内文件资料的内在联系，便于文件资料保管和利用；基建文件和监理资料可按一个项目或一个单位工程进行整理和组卷；施工资料应按单位工程进行组卷，可根据工程大小及资料的多少等具体情况选择按专业或按分部、分项等进行整理和组卷；施工资料管理过程中形成的分项目录应与其对应的施工资料一起组卷；竣工图应按设计单位提供的各专业施工图序列组卷；工程资料可根据资料数量多少组成一卷或多卷；专业承包单位的工程资料应单独组卷；工程系统节能监测资料应单独组卷。

6. 验收与移交的有关规定包括（　　）。

A. 工程参建各方应将各自的工程资料案卷归档保存
B. 监理单位、施工单位应根据有关规定合理确定工程资料案卷的保存期限
C. 建设单位工程资料案卷的保存期限应与工程使用年限相同
D. 依法列入城建档案管理部门保存的工程档案资料，建设单位在工程竣工验收前应组织有关各方，提请城建档案管理部门对归档保存的工程资料进行预验收，并办理相关验收手续
E. 国家和北京市重点工程及合同约定的市政基础设施工程，建设单位应将列入城建档案管理部门保存的工程档案资料制作成缩微胶片，提交城建档案管理部门保存

【答案】ABCDE

【解析】验收与移交的有关规定包括：工程参建各方应将各自的工程资料案卷归档保存；监理单位、施工单位应根据有关规定合理确定工程资料案卷的保存期限；建设单位工程资料案卷的保存期限应与工程使用年限相同；依法列入城建档案管理部门保存的工程档案资料，建设单位在工程竣工验收前应组织有关各方，提请城建档案管理部门对归档保存的工程资料进行预验收，并办理相关验收手续；国家和北京市重点工程及合同约定的市政基础设施工程，建设单位应将列入城建档案管理部门保存的工程档案资料制作成缩微胶片，提交城建档案管理部门保存。

质量员（市政方向）岗位知识与专业技能试卷

一、判断题（共20题，每题1分）

1. 全面质量管理是以组织全员参与为中心，以质量为基础，以顾客满意、组织成员和社会均能受益为长期目标的质量管理形式。

【答案】（ ）

2. 2000版ISO9000的主要内容包括：一个中心，两个基本点，三个沟通，三种监视和测量，四大质量管理过程，四种质量管理体系基本方法，四个策划，八项质量管理原则和十二个质量管理基础。

【答案】（ ）

3. 施工项目质量计划是指确定施工项目的质量目标、实现质量目标规定必要的作业过程、专门的质量措施和资源配置等工作。

【答案】（ ）

4. 质量计划实施中的每一过程都应体现计划、实施、检查、处理的持续改进过程。

【答案】（ ）

5. 石灰稳定土的干缩和温缩特性不明显。

【答案】（ ）

6. 普通沥青混合料即AC型沥青混合料，适用于城市主干路。

【答案】（ ）

7. 钢材检测依据有《钢筋混凝土用钢 第一部分：热轧光圆钢筋》GB 1499.1—2008。

【答案】（ ）

8. 混凝土质量评价依据标准有《建筑用砂》GB/T 14684—2011。

【答案】（ ）

9. 对于重要工程或关键施工部位所用的材料，原则上必须进行全部检（试）验，材料质量抽样和检（试）验的方法要符合有关材料质量标准和测试规程，能反应检验（收）批次材料的质量与性能。

【答案】（ ）

10. 质量控制点是指对工程项目的性能、安全、寿命、可靠性等有一定影响的关键部位及对下道工序有影响的关键工序，为保证工程质量需要进行控制的重点、关键部位或薄弱环节，需在施工过程中进行严格管理，以使关键工序及部位处于良好的控制状态。

【答案】（ ）

11. 模板、支架、拱架拆除应按设计要求的程序和措施进行，遵循"先支后拆、后支先拆"的原则。

【答案】（ ）

12. 钢筋的形状、尺寸应按照设计要求进行加工。加工后的钢筋，其表面不应有削弱钢筋截面的伤痕。

【答案】（ ）

13. 基层是路面结构中的主要承重层，主要承受由面层传来的车辆荷载垂直力，应具有足够的强度、刚度、水稳定性和平整度。

【答案】（　）

14. 沥青混凝土桥面铺装完成后，面层表面应坚实、平整，无裂纹、松散、油包、麻面。桥面铺装层与桥头路接槎应紧密、平顺。检查应全数检查，采用观察的方法。

【答案】（　）

15. 工程施工中不符合规定要求的检（试）验项或检（试）验点，按其程度分为严重缺陷和一般缺陷。

【答案】（　）

16. 避免路基"弹簧"现象，应清楚碾压层下软弱层，换填良性土壤后重新碾压。

【答案】（　）

17. 塌孔与缩径产生的原因基本相同，主要是地层复杂、钻进速度过快、护壁泥浆性能差、成孔后放置时间过长没有灌注混凝土等原因所造成。

【答案】（　）

18. 隐蔽工程是指那些在施工过程中上一道工序的工作结束，被下一道工序所掩盖，而无法进行复查的部位。

【答案】（　）

19. 水准仪主要部件有望远镜、管水准器（或补偿器）、垂直轴、基座、脚螺旋。

【答案】（　）

20. 原材料的质量证明文件、复验报告，工程物资质量必须合格，并有出厂质量证明文件，对列入国家强制商检目录或建设单位有特殊要求的进口物资还应有进口商检证明文件。

【答案】（　）

二、**单选题**（共40题，每题1分）

21. 与一般的产品质量相比较，工程质量具有如下一些特点：影响因素多，质量变动（　），决策、设计、材料、机械、环境、施工工艺、管理制度以及参建人员素质等均直接或间接地影响工程质量。

　　A. 大　　　　　　　　　　B. 小
　　C. 较大　　　　　　　　　D. 较小

22. 以下哪项不是施工岗位职责（　）。
　　A. 参与施工组织管理策划
　　B. 参与制订并调整施工进展计划、施工资源需求计划，编制施工作业计划
　　C. 负责施工作业班组的技术交底
　　D. 负责施工中技术质量问题的解决和处理

23. ISO族标准就是在（　）、程序、过程、总结方面规范质量管理。
　　A. 职责　　　　　　　　　B. 机构
　　C. 范围　　　　　　　　　D. 组织

24. 市政工程质量管理中实施ISO9000标准的意义不包括（　）。

A. 降低产品成本，提高经济效益 B. 提高工作效率
C. 提高工作质量 D. 开拓国内外市场的需要

25. 工程项目建设不像一般工业产品的生产那样，在固定的生产流水线，有规范化的生产工艺和完善的检测技术，有成套的生产设备和稳定的生产环境，因此工程质量具有（ ）、质量波动较大的特点。
A. 干扰因素多 B. 检测技术不完善
C. 不稳定的生产环境 D. 管理水平参差不齐

26. 以下哪项不属于质量员岗位职责（ ）。
A. 参与进行施工质量策划 B. 参与材料、设备采购
C. 参与制定工序质量控制措施 D. 参与制定管理制度

27. 以下哪项不属于四大质量管理过程（ ）。
A. 管理职责过程 B. 资源管理过程
C. 机构管理过程 D. 产品实现过程

28. 以下哪项不属于资料员岗位职责（ ）。
A. 负责提供管理数据、信息资料
B. 参与建立施工资料管理系统
C. 负责汇总、整理、移交劳务管理资料
D. 负责施工资料管理系统的运用、服务和管理

29. 质量策划重点应放在（ ）的策划，策划过程应与施工方案、施工部署紧密结合。
A. 工程项目实现过程 B. 工程项目设计
C. 工程项目控制过程 D. 工程筹划过程

30. 质量计划对进厂采购的工程材料、工程机械设备、施工机械设备、工具等做具体规定，包括对建设方供应产品的标准及进场复验要求；（ ）；明确追溯内容的形成、记录、标志的主要方法；需要的特殊质量保证证据等。
A. 采购的法规与规定 B. 工程施工阶段的确定
C. 正确试验程序的控制 D. 采购的规程

31. 质量目标指合同范围内的全部工程的所有使用功能符合设计（或更改）图纸要求。（ ）、分部、单位工程质量达到既定的施工质量验收标准。
A. 分段 B. 分项
C. 隐蔽 D. 大型

32. 以下不属于质量计划的编制要求有（ ）。
A. 材料、设备、机械、劳务及实验等采购控制
B. 施工工艺过程的控制
C. 搬运、存储、包装、成品保护和交付过程的控制
D. 质量管理体系的设置

33. 以下不属于常用的基层材料（ ）。
A. 石灰稳定土类基层 B. 水泥稳定土基层
C. 石灰工业废渣稳定土基层 D. 钢筋稳定基层

34. 石灰工业废渣稳定土中，应用最多、最广的是（   ），简称二灰稳定土。
   A. 石灰粉类的稳定土　　　　　　B. 煤灰类的稳定土
   C. 石灰粉煤灰类的稳定土　　　　D. 矿渣类的稳定土

35. 基层混合料压实度，通过试验应在同一点进行两次平行测定，两次测定的差值不得大于（   ）g/cm³。
   A. 0.01　　　　　　　　　　　　B. 0.03
   C. 0.05　　　　　　　　　　　　D. 0.08

36. 根据 GB 50204—2002（2011 年版）要求，进场钢筋必须进行钢筋重量偏差检测。测量钢筋重量偏差时，试样应从不同钢筋上截取，数量不少于（   ）根。
   A. 3　　　　　　　　　　　　　B. 5
   C. 7　　　　　　　　　　　　　D. 9

37. 混凝土路缘石外观质量优等品缺棱掉角影响顶面或侧面的破坏最大投影尺寸应小于等于（   ）mm。
   A. 0　　　　　　　　　　　　　B. 10
   C. 15　　　　　　　　　　　　　D. 20

38. 混凝土路缘石外观质量一等品面层非贯穿裂纹最大投影尺寸应不大于（   ）mm。
   A. 0　　　　　　　　　　　　　B. 10
   C. 15　　　　　　　　　　　　　D. 20

39. 混凝土路缘石外观质量合格品可视面粘皮（蜕皮）及表面缺损面积应不大于（   ）mm。
   A. 10　　　　　　　　　　　　　B. 20
   C. 30　　　　　　　　　　　　　D. 40

40. 路面砖外观质量优等品缺棱掉角的最大投影尺寸应不大于（   ）mm。
   A. 0　　　　　　　　　　　　　B. 5
   C. 10　　　　　　　　　　　　　D. 20

41. 路面砖外观质量一等品非贯穿裂纹长度最大投影尺寸应不大于（   ）mm。
   A. 0　　　　　　　　　　　　　B. 5
   C. 10　　　　　　　　　　　　　D. 20

42. 锚具、夹具和连接器的硬度检（试）验要求每个零件测试点为（   ）点，当硬度值符合设计要求分范围应判为合格。
   A. 1　　　　　　　　　　　　　B. 2
   C. 3　　　　　　　　　　　　　D. 5

43. 钢筋筋调直，可用机械或人工调直。经调直后的钢筋不得有局部弯曲、死弯、小波浪形，其表面伤痕不应使钢筋截面减小（   ）。
   A. 3%　　　　　　　　　　　　B. 5%
   C. 10%　　　　　　　　　　　　D. 15%

44. 箍筋弯钩的弯曲直径应大于被箍主钢筋的直径，且 HRB335 钢筋不得小于箍筋直径的（   ）倍。
   A. 2　　　　　　　　　　　　　B. 3

C. 4 D. 5

45. 预应力筋存放在室外时不得直接堆放在地面上,必须垫高、覆盖、防腐蚀、防雨露,时间不宜超过( )个月。
   A. 3 B. 6
   C. 12 D. 24

46. 应在接近最佳含水量状态下分层填筑,分层压实,每层松铺厚度不宜超过( )cm。
   A. 10 B. 20
   C. 30 D. 40

47. 挡土墙地基承载力应符合设计要求,每道挡土墙基槽抽检( )点,查触(钎)探检测报告、隐蔽验收记录。
   A. 1 B. 3
   C. 5 D. 7

48. 装配式梁(板)质量控制,构件吊点的位置应符合设计要求,设计无要求时,应经计算确定。构件的吊环应竖直。吊绳与起吊构件的交角小于( )时应设置吊梁。
   A. 30° B. 45°
   C. 60° D. 75°

49. 验槽后原状土地基局部超挖或扰动时应按规范的有关规定进行处理;岩石地基局部超挖时,应将基底碎渣全部清理,回填低强度等级混凝土或粒径( )mm的砂石回填夯实。
   A. 5~10 B. 10~15
   C. 15~20 D. 20~25

50. 圆井采用砌筑逐层砌筑收口,偏心收口时每层收进不应大于( )mm。
   A. 20 B. 30
   C. 40 D. 50

51. 管道第二次冲洗应在第一次冲洗后,用有效氯离子含量不低于( )mg/L的清洁水浸泡24h后,再用清洁水进行第二次冲洗直至水质检测、管理部门取样化验合格为止。
   A. 10 B. 15
   C. 20 D. 25

52. 钢筋、砂浆、拉环、筋带的质量均应按设计要求控制。砌体挡土墙采用的砌筑和石料,强度应符合设计要求,按每品种、每检验(收)批( )组查试验报告。
   A. 1 B. 3
   C. 5 D. 7

53. HRB335级、HRB400级钢筋的冷拉率不宜大于( )。
   A. 1% B. 2%
   C. 3% D. 5%

54. 管道第一次冲洗应用清洁水冲洗至出水口水样浊度小于3NTU为止,冲洗流速应大于( )m/s。

A. 1.0　　　　　　　　　　　　B. 1.5
C. 2.0　　　　　　　　　　　　D. 2.5

55. 陆上埋设护筒时，在护筒底部夯填（　　）cm 厚黏土，必须夯打密实。放置护筒后，在护筒四周对称均衡地夯填黏土，防止护筒变形或位移，夯填密实不渗水。
　　A. 30　　　　　　　　　　　　B. 40
　　C. 50　　　　　　　　　　　　D. 60

56. 为预防桥头跳车，分层填筑砂砾（石），控制最佳含水量和铺筑层厚，最大填筑厚度不超过（　　）cm，确保压实度符合标准要求。
　　A. 10　　　　　　　　　　　　B. 15
　　C. 20　　　　　　　　　　　　D. 25

57. 当直管采用三角形式堆放或两侧加支撑保护的矩形堆放时，堆放高度不宜超过（　　）m。
　　A. 1　　　　　　　　　　　　B. 1.5
　　C. 2　　　　　　　　　　　　D. 3

58. 隐蔽工程的验收应由施工单位做好自检记录，在隐蔽验收日提前（　　）h 通知相关单位验收。
　　A. 12　　　　　　　　　　　　B. 24
　　C. 36　　　　　　　　　　　　D. 48

59. 应有沥青拌合厂按同类型、同配比、每批次向施工单位提供的至少一份产品质量合格证。连续生产时，每（　　）t 提供一次。
　　A. 1000　　　　　　　　　　　B. 2000
　　C. 3000　　　　　　　　　　　D. 5000

60. 工程资料案卷不宜过厚，一般不超过（　　）mm。
　　A. 20　　　　　　　　　　　　B. 30
　　C. 40　　　　　　　　　　　　D. 50

三、多选题（共20道，每题2分，选错项不得分，选不全得1分）

61. 工程建设项目，特别是市政工程建设项目具有建设规模大、（　　）等特点。这一特点，决定了质量策划的难度。
　　A. 检测技术不完善
　　B. 分期建设
　　C. 多种专业配合
　　D. 对施工工艺和施工方法的要求高
　　E. 专业性强

62. 影响施工质量的因素主要包括五大方面：（　　）、方法和环境。在施工过程中对这五方面因素严加控制是保证工程质量的关键。
　　A. 人员　　　　　　　　　　　B. 设备
　　C. 机械　　　　　　　　　　　D. 材料
　　E. 规程

63. 以下属于质量计划的编制要求的有（   ）。
   A. 质量目标　　　　　　　　B. 管理职责
   C. 资源提供　　　　　　　　D. 项目改进策划
   E. 管理计划

64. 沥青混合料分为（   ）。
   A. 粗粒式　　　　　　　　　B. 中粒式
   C. 细粒式　　　　　　　　　D. 砂粒式
   E. 石粒式

65. 改性沥青混合料是指掺加橡胶、（   ）、磨细的橡胶粉或其他填料等外掺剂，使沥青或沥青混合料的性能得以改善制成的沥青混合剂。
   A. 二灰　　　　　　　　　　B. 水泥
   C. 树脂　　　　　　　　　　D. 高分子聚合物
   E. 有机物

66. 按使用功能不同，混凝土分（   ）、水工混凝土、耐热混凝土、耐酸混凝土、大体积混凝土及防辐射混凝土。
   A. 道路混凝土　　　　　　　B. 桥梁混凝土
   C. 结构用混凝土　　　　　　D. 耐寒混凝土
   E. 基础结构混凝土

67. 烧结普通（多孔）砖 MU30，其抗压强度平均值要求不小于（   ）MPa。
   A. 10　　　　　　　　　　　B. 20
   C. 30　　　　　　　　　　　D. 35
   E. 40

68. 工程建设项目中的人员包括（   ）等直接参与市政工程建设的所有人员。
   A. 决策管理人员　　　　　　B. 技术人员
   C. 操作人员　　　　　　　　D. 监理人员
   E. 督查人员

69. 技术交底的内容应根据具体工程有所不同，主要包括（   ）；其中质量标准要求是重要部分。
   A. 施工图纸　　　　　　　　B. 施工组织设计
   C. 施工工艺　　　　　　　　D. 技术安全措施
   E. 规范要求、操作规范

70. 模板可分类为（   ）等。
   A. 木模板　　　　　　　　　B. 钢模板
   C. 复合模板　　　　　　　　D. 定型组合模板
   E. 钢框竹（木）胶合板

71. 石灰稳定土类质量控制要点中，压实度采用（   ）每层抽检。
   A. 环刀法　　　　　　　　　B. 灌砂法
   C. 灌水法　　　　　　　　　D. 灌浆法
   E. 蜡封法

72. 下列属于工程质量通病的是（　　）。
    A. 现浇钢筋混凝土工程出现蜂窝、麻面、露筋
    B. 砂浆、混凝土配合比控制不严、试块强度不合格
    C. 路基压实度达不到标准规定值
    D. 钢筋安装箍筋间距不一致
    E. 桥面伸缩装置安置不平整

73. 出现路基"弹簧"现象的原因是（　　）。
    A. 填土为黏性土时的含水量超过最佳含水量较多
    B. 碾压层下有软弱层，且含水量过大，在上层碾压过程中，下层弹簧反射至上层
    C. 翻晒、拌合不均匀
    D. 局部填土混入冻土或过湿的淤泥、沼泽土、有机土、腐殖土以及含有草皮、树根和生活垃圾的不良填料
    E. 透水性好与透水性差的土壤混填，且透水性差的土壤包裹了透水性好的土壤，形成了"水壤"

74. 按深度的不同，裂缝可分为（　　）。
    A. 贯穿裂缝　　　　　　　　B. 穿透性裂缝
    C. 深层裂缝　　　　　　　　D. 微裂缝
    E. 表面裂缝

75. 道路路基工程检（试）验内容包括（　　）。
    A. 土的含水率试验　　　　　B. 液限和塑限联合测定法
    C. 土的击实试验　　　　　　D. CBR值测试方法
    E. 土的压实度

76. 材料与混凝土检测内容包括（　　）。
    A. 原材料及构配件试验检（试）验（水泥、钢筋、骨料、外加剂、预应力配件等）
    B. 混凝土强度及结构外观
    C. 预制构件结构性能
    D. 钢结构
    E. 构筑物

77. 道路路基工程检（试）验内容包括（　　）。
    A. 土的含水率试验　　　　　B. 液限和塑限联合测定法
    C. 土的击实试验　　　　　　D. CBR值测试方法
    E. 土的压实度

78. 倒虹管及涵洞试验内容包括（　　）。
    A. 地基承载力　　　　　　　B. 混凝土、砂浆强度
    C. 原材料　　　　　　　　　D. 倒虹管闭水试验
    E. 回填压实度

79. 路拌要有以下试验资料（　　）。
    A. 混合料配合比实测数值（水泥、粉煤灰、石灰含量）
    B. 混合料的活性氧化物含量

C. 混合料最大干密度
D. 混合料颗粒筛析结果
E. 混合料无侧限抗压强度（7d）

80. 工程资料组卷应遵循的原则是：组卷应遵循工程文件资料的行程规律，保证卷内文件资料的内在联系，便于文件资料保管和利用；基建文件和监理资料可按一个项目或一个单位工程进行整理和组卷；施工资料应按单位工程进行组卷，可根据工程大小及资料的多少等具体情况选择按专业或按分部、分项等进行整理和组卷；（　　）。

A. 施工资料管理过程中形成的分项目录应与其对应的施工资料一起组卷
B. 竣工图应按设计单位提供的各专业施工图序列组卷
C. 工程资料可根据资料数量多少组成一卷或多卷
D. 专业承包单位的工程资料应单独组卷
E. 工程系统节能监测资料应单独组卷

质量员（市政方向）岗位知识与专业技能试卷答案与解析

一、判断题（共20题，每题1分）

1. 错误

【解析】全面质量管理是以质量为中心，以组织全员参与为基础，以顾客满意、组织成员和社会均能受益为长期目标的质量管理形式。

2. 错误

【解析】2000版ISO9000的主要内容包括：一个中心，两个基本点，两个沟通，三种监视和测量，四大质量管理过程，四种质量管理体系基本方法，四个策划，八项质量管理原则和十二个质量管理基础。

3. 正确

【解析】施工项目质量计划是指确定施工项目的质量目标、实现质量目标规定必要的作业过程、专门的质量措施和资源配置等工作。

4. 正确

【解析】质量计划实施中的每一过程都应体现计划、实施、检查、处理的持续改进过程。

5. 错误

【解析】石灰稳定土的干缩和温缩特性十分明显，且都会导致裂缝。

6. 错误

【解析】普通沥青混合料即AC型沥青混合料，适用于城市次干路、辅路或人行道等场所。

7. 正确

【解析】钢材检测依据有《钢筋混凝土用钢 第一部分：热轧光圆钢筋》GB 1499.1—2008。

8. 正确

【解析】混凝土质量评价依据标准有《建筑用砂》GB/T 14684—2011。

9. 正确

【解析】对于重要工程或关键施工部位所用的材料，原则上必须进行全部检（试）验，材料质量抽样和检（试）验的方法要符合有关材料质量标准和测试规程，能反应检验（收）批次材料的质量与性能。

10. 正确

【解析】质量控制点是指对工程项目的性能、安全、寿命、可靠性等有一定影响的关键部位及对下道工序有影响的关键工序，为保证工程质量需要进行控制的重点、关键部位或薄弱环节，需在施工过程中进行严格管理，以使关键工序及部位处于良好的控制状态。

11. 正确

【解析】模板、支架、拱架拆除应按设计要求的程序和措施进行，遵循"先支后拆、后支先拆"的原则。

12. 正确

【解析】钢筋的形状、尺寸应按照设计要求进行加工。加工后的钢筋，其表面不应有削弱钢筋截面的伤痕。

13. 正确

【解析】基层是路面结构中的主要承重层，主要承受由面层传来的车辆荷载垂直力，应具有足够的强度、刚度、水稳定性和平整度。

14. 正确

【解析】沥青混凝土桥面铺装完成后，面层表面应坚实、平整，无裂纹、松散、油包、麻面。桥面铺装层与桥头路接槎应紧密、平顺。检查应全数检查，采用观察的方法。

15. 正确

【解析】工程施工中不符合规定要求的检（试）验项或检（试）验点，按其程度分为严重缺陷和一般缺陷。

16. 正确

【解析】避免路基"弹簧"现象，应清楚碾压层下软弱层，换填良性土壤后重新碾压。

17. 正确

【解析】塌孔与缩径产生的原因基本相同，主要是地层复杂、钻进速度过快、护壁泥浆性能差、成孔后放置时间过长没有灌注混凝土等原因所造成。

18. 正确

【解析】隐蔽工程是指那些在施工过程中上一道工序的工作结束，被下一道工序所掩盖，而无法进行复查的部位。

19. 正确

【解析】水准仪主要部件有望远镜、管水准器（或补偿器）、垂直轴、基座、脚螺旋。

20. 正确

【解析】原材料的质量证明文件、复验报告，工程物资质量必须合格，并有出厂质量证明文件，对列入国家强制商检目录或建设单位有特殊要求的进口物资还应有进口商检证明文件。

二、单选题（共40题，每题1分）

21. A

【解析】与一般的产品质量相比较，工程质量具有如下一些特点：影响因素多，质量变动大，决策、设计、材料、机械、环境、施工工艺、管理制度以及参建人员素质等均直接或间接地影响工程质量。

22. D

【解析】"施工中技术质量问题的解决和处理"属于项目技术负责人的职责。

23. B

【解析】ISO族标准就是在机构、程序、过程、总结方面规范质量管理。

24. C

【解析】市政工程质量管理中实施ISO9000标准的意义：降低产品成本，提高经济效益。提高工作效率。提高组织的声誉、扩大组织知名度。开拓国内外市场的需要。

25. A

【解析】工程项目建设不像一般工业产品的生产那样，在固定的生产流水线，有规范化的生产工艺和完善的检测技术，有成套的生产设备和稳定的生产环境，因此工程质量具有干扰因素多、质量波动较大的特点。

26. D

【解析】"参与制定管理制度"属于施工员的职责。

27. C

【解析】四大质量管理过程：管理职责过程，资源管理过程，产品实现过程，测量、分析和改进过程。

28. C

【解析】"负责汇总、整理、移交劳务管理资料"属于劳务员的职责。

29. A

【解析】质量策划重点应放在工程项目实现过程的策划，策划过程应与施工方案、施工部署紧密结合。

30. A

【解析】质量计划对进厂采购的工程材料、工程机械设备、施工机械设备、工具等做具体规定，包括对建设方供应产品的标准及进场复验要求；采购的法规与规定；明确追溯内容的形成，记录、标志的主要方法；需要的特殊质量保证证据等。

31. B

【解析】质量目标指合同范围内的全部工程的所有使用功能符合设计（或更改）图纸要求。分项、分部、单位工程质量达到既定的施工质量验收标准。

32. D

【解析】质量管理体系的设置属于施工项目质量计划编制的方法。

33. D

【解析】常用的基层材料包括：石灰稳定土类基层，水泥稳定土基层，石灰工业废渣稳定土基层。

34. C

【解析】石灰工业废渣稳定土中，应用最多、最广的是石灰粉煤灰类的稳定土，简称二灰稳定土。

35. B

【解析】基层混合料压实度，通过试验应在同一点进行两次平行测定，两次测定的差值不得大于 $0.03g/cm^3$。

36. B

【解析】根据 GB 50204—2002（2011 年版）要求，进场钢筋必须进行钢筋重量偏差检测。测量钢筋重量偏差时，试样应从不同钢筋上截取，数量不少于 5 根。

37. B

【解析】混凝土路缘石外观质量优等品缺棱掉角影响顶面或侧面的破坏最大投影尺寸应小于等于 10mm。

38. B

【解析】混凝土路缘石外观质量一等品面层非贯穿裂纹最大投影尺寸应不大于10mm。

39. D

【解析】混凝土路缘石外观质量合格品可视面粘皮（蜕皮）及表面缺损面积应不大于40mm。

40. A

【解析】路面砖外观质量优等品缺棱掉角的最大投影尺寸应不大于0。

41. C

【解析】路面砖外观质量一等品非贯穿裂纹长度最大投影尺寸应不大于10mm。

42. C

【解析】锚具、夹具和连接器的硬度检（试）验要求每个零件测试点为3点，当硬度值符合设计要求分范围应判为合格。

43. B

【解析】钢筋筋调直，可用机械或人工调直。经调直后的钢筋不得有局部弯曲、死弯、小波浪形，其表面伤痕不应使钢筋截面减小5%。

44. C

【解析】箍筋弯钩的弯曲直径应大于被箍主钢筋的直径，且HRB335钢筋不得小于箍筋直径的4倍。

45. B

【解析】预应力筋存放在室外时不得直接堆放在地面上，必须垫高、覆盖、防腐蚀、防雨露，时间不宜超过6个月。

46. B

【解析】应在接近最佳含水量状态下分层填筑，分层压实，每层松铺厚度不宜超过20cm。

47. B

【解析】挡土墙地基承载力应符合设计要求，每道挡土墙基槽抽检3点，查触（钎）探检测报告、隐蔽验收记录。

48. C

【解析】装配式梁（板）质量控制，构件吊点的位置应符合设计要求，设计无要求时，应经计算确定。构件的吊环应竖直。吊绳与起吊构件的交角小于60°时应设置吊梁。

49. B

【解析】验槽后原状土地基局部超挖或扰动时应按规范的有关规定进行处理；岩石地基局部超挖时，应将基底碎渣全部清理，回填低强度等级混凝土或粒径10～15mm的砂石回填夯实。

50. D

【解析】圆井采用砌筑逐层砌筑收口，偏心收口时每层收进不应大于50mm。

51. C

【解析】管道第二次冲洗应在第一次冲洗后，用有效氯离子含量不低于20mg/L的清洁水浸泡24h后，再用清洁水进行第二次冲洗直至水质检测、管理部门取样化验合格为止。

52. A

【解析】钢筋、砂浆、拉环、筋带的质量均应按设计要求控制。砌体挡土墙采用的砌筑和石料，强度应符合设计要求，按每品种、每检验（收）批1组查试验报告。

53. A

【解析】HRB335级、HRB400级钢筋的冷拉率不宜大于1%。

54. A

【解析】管道第一次冲洗应用清洁水冲洗至出水口水样浊度小于3NTU为止，冲洗流速应大于1.0m/s。

55. C

【解析】陆上埋设护筒时，在护筒底部夯填50cm厚黏土，必须夯打密实。放置护筒后，在护筒四周对称均衡地夯填黏土，防止护筒变形或位移，夯填密实不渗水。

56. C

【解析】分层填筑砂砾（石），控制最佳含水量和铺筑层厚，最大填筑厚度不超过20cm，确保压实度符合标准要求。

57. B

【解析】当直管采用三角形式堆放或两侧加支撑保护的矩形堆放时，堆放高度不宜超过1.5m。

58. D

【解析】隐蔽工程的验收应由施工单位做好自检记录，在隐蔽验收日提前48h通知相关单位验收。

59. B

【解析】应有沥青拌合厂按同类型、同配比、每批次向施工单位提供的至少一份产品质量合格证。连续生产时，每2000t提供一次。

60. C

【解析】工程资料案卷不宜过厚，一般不超过40mm。

三、多选题（共20道，每题2分，选错项不得分，选不全得1分）

61. BCD

【解析】工程建设项目，特别是市政工程建设项目具有建设规模大、分期建设、多种专业配合、对施工工艺和施工方法的要求高等特点。这一特点，决定了质量策划的难度。

62. ACD

【解析】影响施工质量的因素主要包括五大方面：人员、机械、材料、方法和环境。在施工过程中对这五方面因素严加控制是保证工程质量的关键。

63. ABC

【解析】质量计划的编制要求包括质量目标、管理职责、资源提供、项目实现过程策划。

64. ABC

【解析】沥青混合料分为粗粒式、中粒式、细粒式。

65. CD

【解析】改性沥青混合料是指掺加橡胶、树脂、高分子聚合物、磨细的橡胶粉或其他填料等外掺剂，使沥青或沥青混合料的性能得以改善制成的沥青混合剂。

66. AC

【解析】按使用功能不同，混凝土分结构用混凝土、道路混凝土、水工混凝土、耐热混凝土、耐酸混凝土、大体积混凝土及防辐射混凝土。

67. C

【解析】烧结普通（多孔）砖MU30，其抗压强度平均值要求不小于30MPa。

68. ABC

【解析】工程建设项目中的人员包括决策管理人员、技术人员、操作人员等直接参与市政工程建设的所有人员。

69. ABCDE

【解析】技术交底的内容应根据具体工程有所不同，主要包括施工图纸、施工组织设计、施工工艺、技术安全措施、规范要求、操作规范；其中质量标准要求是重要部分。

70. ABDE

【解析】模板可分类为木模板、钢模板、定型组合模板、钢框竹（木）胶合板等。

71. ABC

【解析】石灰稳定土类质量控制要点中，压实度采用环刀法、灌砂法或灌水法每层抽检。

72. ABCDE

【解析】下列属于工程质量通病的是：现浇钢筋混凝土工程出现蜂窝、麻面、露筋；砂浆、混凝土配合比控制不严、试块强度不合格；路基压实度达不到标准规定值；钢筋安装箍筋间距不一致；桥面伸缩装置安置不平整；金属栏杆、管道、配件锈蚀；钢结构面锈蚀、涂料粉化、剥落等。

73. ABCDE

【解析】出现路基"弹簧"现象的原因是：填土为黏性土时的含水量超过最佳含水量较多；碾压层下有软弱层，且含水量过大，在上层碾压过程中，下层弹簧反射至上层；翻晒、拌合不均匀；局部填土混入冻土或过湿的淤泥、沼泽土、有机土、腐殖土以及含有草皮、树根和生活垃圾的不良填料；透水性好与透水性差的土壤混填，且透水性差的土壤包裹了透水性好的土壤，形成了"水壤"。

74. ACE

【解析】按深度的不同，裂缝可分为贯穿裂缝、深层裂缝及表面裂缝三种。

75. ABCDE

【解析】道路路基工程检（试）验内容包括：土的含水率试验、液限和塑限联合测定法、土的击实试验、CBR值测试方法、土的压实度和土的回弹弯沉值试验方法。

76. ABCDE

【解析】材料与混凝土检测内容包括：原材料及构配件试验（试）验（水泥、钢筋、骨料、外加剂、预应力配件等）；混凝土强度及结构外观；预制构件结构性能；钢结构；构筑物。

77. ABCDE

【解析】道路路基工程检(试)验内容包括：土的含水率试验、液限和塑限联合测定法、土的击实试验、CBR 值测试方法、土的压实度和土的回弹弯沉值试验方法。

78. ABCDE

【解析】倒虹管及涵洞试验内容包括：地基承载力，混凝土、砂浆强度，原材料，倒虹管闭水试验，回填压实度。

79. ABCDE

【解析】路拌要有以下试验资料：混合料配合比实测数值（水泥、粉煤灰、石灰含量）；混合料的活性氧化物含量；混合料最大干密度；混合料颗粒筛析结果；混合料无侧限抗压强度(7d)。

80. ABCDE

【解析】工程资料组卷应遵循的原则是：组卷应遵循工程文件资料的行程规律，保证卷内文件资料的内在联系，便于文件资料保管和利用；基建文件和监理资料可按一个项目或一个单位工程进行整理和组卷；施工资料应按单位工程进行组卷，可根据工程大小及资料的多少等具体情况选择按专业或按分部、分项等进行整理和组卷；施工资料管理过程中形成的分项目录应与其对应的施工资料一起组卷；竣工图应按设计单位提供的各专业施工图序列组卷；工程资料可根据资料数量多少组成一卷或多卷；专业承包单位的工程资料应单独组卷；工程系统节能监测资料应单独组卷。